—— 八闽茶韵 ——

武夷岩茶

福建省人民政府新闻办公室　编

编　著：邵长泉

海峡出版发行集团　福建科学技术出版社
THE STRAITS PUBLISHING & DISTRIBUTING GROUP　FUJIAN SCIENCE & TECHNOLOGY PUBLISHING HOUSE

图书在版编目（CIP）数据

武夷岩茶 / 福建省人民政府新闻办公室编；邵长泉编著. —福州：
福建科学技术出版社，2019.6（2022.10重印）
（"八闽茶韵"丛书）
ISBN 978-7-5335-5682-2

Ⅰ.① 武… Ⅱ.① 福… ② 邵… Ⅲ.① 武夷山 - 茶叶 - 介绍 Ⅳ.
① TS272.5

中国版本图书馆CIP数据核字（2018）第201778号

书　　名	武夷岩茶
	"八闽茶韵"丛书
编　　者	福建省人民政府新闻办公室
编　　著	邵长泉
出版发行	福建科学技术出版社
社　　址	福州市东水路76号（邮编350001）
网　　址	www.fjstp.com
经　　销	福建新华发行（集团）有限责任公司
印　　刷	福建新华联合印务集团有限公司
开　　本	700毫米×1000毫米　1/16
印　　张	10
图　　文	160码
版　　次	2019年6月第1版
印　　次	2022年10月第2次印刷
书　　号	ISBN 978-7-5335-5682-2
定　　价	48.00元

书中如有印装质量问题，可直接向本社调换

序　言

梁建勇

　　"八闽茶韵"丛书即将出版发行。以茶文化为媒，传承优秀传统文化，促进对外交流，很有意义。

　　福建是中国茶叶的重要发祥地和主产区之一。好山好水出好茶，八闽山水钟灵毓秀，孕育了独树一帜福建佳茗。早在1600年前，福建就有了产茶的文字记载。北宋时，福建的北苑贡茶名冠天下，斗茶之风风靡全国，催生了蔡襄的《茶录》等多部茶学名作，王安石、苏辙、陆游、李清照、朱熹等诗词名家在品鉴闽茶之后，留下了诸多不朽名篇。元朝时，武夷山九曲溪畔的皇家御茶园盛极一时，遗址至今犹在。明清时，福建人民首创乌龙茶、红茶、白茶、茉莉花茶，丰富了茶叶品类。千百年来，福建的茶人、茶叶、茶艺、茶风、茶具、茶俗，积淀了深厚的茶文化底蕴，在中国乃至世界茶叶发展史上都具有重要的历史地位和文化价值。

　　茶叶是文化的重要载体，也是联结中外、沟通世界的桥梁。自宋元以来，福建茶叶就从这里出发，沿着古代丝绸之路、"万里茶道"等，远销亚欧，走向世界，成为与丝绸、瓷器齐名的"中国符号"，成为传播中国文化、促进中外交流的重要使者。

当前，福建正在更高起点上推动新时代改革开放再出发，"八闽茶韵"丛书的出版正当其时。丛书共 12 册，涵盖了福建茶叶的主要品类，引用了丰富的历史资料，展示了闽茶的制作技艺、品鉴要领、典故传说和历史文化，记载了闽茶走向世界、沟通中外的千年佳话。希望这套丛书的出版，能让海内外更多朋友感受到闽茶文化韵传千载的独特魅力，也期待能有更多展示福建优秀传统文化的精品佳作问世，更好地讲述中国故事、福建故事，助推海上丝绸之路核心区和"一带一路"建设。

2019 年 2 月

目 录

一

茶和天下，茗出武夷

——

（一）从建茶到武夷茶

唐之前

武夷茶的历史十分久远，虽无明确发端于何时的历史记载，但有诸多关于神人共啜的传说。宋代文豪苏东坡曾在《叶嘉传》记载："叶嘉，闽人也，其先处上谷，曾祖茂先，养高不仕，好游名山，至武夷，悦之，遂家焉。尝曰：'吾植功种德，不为时采，然遗香后世，吾子孙必盛于中土，当饮其惠矣。'茂先葬郝源，子孙遂为郝源民……"据说彭祖带领儿子彭武、彭夷开发出美丽的武夷山，也曾以茶驯气、以茶养生，而得八百高寿。及至汉代，颇有建树的

神农、彭祖、武夷君雕像

3

汉武大帝为了宣示中央集权，祈求国泰民安，派人祭祀各地神仙，其中就有派人用茶与干目鱼祭祀武夷君。

种种传说让武夷茶沾上了仙气和灵气，因此，南朝著名的文学家江淹称赞武夷山为"碧水丹山"、赞誉产于武夷山的茶为"珍木灵芽"，但武夷茶的明文经传却始于唐代。

唐代

唐代，武夷山属于建州。当时的建州已掌握了较高的制茶技艺，据《建宁府志》记述，唐贞元年间（785—804）常衮任福建观察使兼建州刺史，他教会当地茶农制作蒸青团茶，宋张舜民《画墁录》述："始蒸焙而研之，谓之研膏茶；其后稍为饼样……"说明常衮任福建观察使兼建州刺史期间，在建州主持改革茶的制作工艺，把蒸青茶叶研末和膏，压成茶饼，创制了研膏茶，俗称片茶。这与《茶经》记载的做法"采之、蒸之、捣之、焙之、穿之、封之……"一致。但尽管如此，早期团茶产品，在数量与质量上都极有限，且未成为贡茶，所以不为世人所知。

陆羽《茶经》问世后，茶被推上了国饮的地位。《茶经》不仅仅是一部茶文化作品，更像一本"名茶索引"，许多地方的茶被收录后遂为世人所知。可惜的是陆羽对闽北的茶只以"岭南：生福州、建州……往往得之，其味极佳"一语带过，更没有明确点到武夷茶之名。苏东坡在《叶嘉传》中说："虽羽知，犹未详也。"

陆羽著《茶经》后数十年的唐元和年间（806—820），文学家孙樵把武夷茶送给他的朋友焦刑部，还附带了一封信，这封《送茶与焦刑部书》中写道：

晚甘侯十五人，遣侍斋阁。此徒皆请雷而摘，拜水而和。

盖建阳丹山碧水之乡，月涧云龛之品，慎勿贱用之。

"碧水丹山"是武夷山的别称，源自南朝文学家江淹对武夷山赞美的诗文。作者把这批产于武夷山的15个茶饼比喻为"晚甘侯"，大大提升了茶礼的价值。这是至今发现的第一篇明确记载武夷茶的文字。

又过了几十年，唐乾宁年间（894—898）一位叫徐夤的文学家写了《谢尚书惠腊面茶》一诗，以此答谢尚书惠赠武夷茶，首次明确点出了"武夷茶"，其诗曰：

武夷春暖月初圆，采摘新芽献地仙。

飞鹊印成香蜡片，啼猿溪走木兰船。

金槽和碾沉香末，冰碗轻涵翠缕烟。

分赠恩深知最异，晚铛宜煮北山泉。

五代时期，建州地主张廷晖为了取悦闽王，便将自己位于凤凰山（今建瓯市东峰镇）的茶山进献，闽王始在建州设立御茶园。由于建州位于福建北部，御茶园位于闽国都城福州的西北面，故又被称为"北苑"。北苑贡茶于此开始登上了历史的舞台，延续了长达400多年的朝贡史。北苑贡茶深受帝王将相喜爱，被诸多文人墨客大肆渲染，极大地带动了闽北茶叶——建茶的发展。

宋代

盛世兴茶，北宋的经济十分繁荣，官员俸禄富足，朝野饮茶之风盛行，建茶的产量和质量得到了空前的提升，建宁府许多地方都设立官焙，所制之茶悉数进贡。但随着建茶声名日隆，朝廷需求贡茶量不断增大，官焙所产不足进贡，于是茶官们想出了一个绝招——

斗茶，即针对民焙的茶进行评选，优胜的茶也被收购充入贡茶。苏轼在《荔枝叹》诗曰："争新买宠各出意，今年斗品充官茶。"

为了取悦皇家，各地转运使挖空心思，极尽创意之能事。先后担任福建转运使的丁谓、蔡襄分别发明出了大、小龙团，把建茶做到极致。宋真宗咸平（998—1003）初，丁谓任福建转运使，监造北苑贡茶。他抓住早、快、新的特点，"社前十日即采其芽，日数千工繁而造之，逼社即入贡"，诚如欧阳修诗云："建安三千五百里，京师三月试新茶。"他还别出心裁地在茶团上印上龙凤花纹，饰以金箔，使得"龙团凤饼"既充满吉祥色彩，又有别于普通贡茶，一入宫廷就备受喜爱，使北苑茶很快就誉满京师，轰动朝野。一时达官显贵、文人雅士以追捧龙凤团茶为时尚。宋真宗咸平二年（999），颇具文采的丁谓写出三卷本图文并茂的《北苑茶录》，详细介绍了北苑贡茶的门类和制作工艺，受到了皇帝的赞赏。

宋仁宗庆历年间（1041—1048），蔡襄任福建转运使，亲临监

宋·熊蕃《宣和北苑贡茶录》书页中"龙团凤饼"图样

制北苑贡茶，在丁谓龙凤团茶的基础上制出一斤二十饼的精致小团茶，闻名于当世。蔡襄认为："昔陆羽《茶经》，不第建安之品；丁谓《茶图》，独论采造之本，至于烹试，曾未有闻。臣辄条数事，简而易明，勒成二篇，名曰《茶录》。伏惟清闲之宴，或赐观采，臣不胜惶惧荣幸之至。"于是《茶录》成为《茶经》后又一部重要的茶叶专著。

宋代建茶之盛也促进了茶学发展，除了丁谓、蔡襄分别著述的《北苑茶录》《茶录》外，还出现了一大批以建茶为脚本的茶学专著，如宋子安的《东溪试茶录》（"其书盖补丁谓、蔡襄两家《茶录》之所遗"）、赵汝励的《北苑别录》、熊蕃的《宣和北苑贡茶录》以及宋徽宗赵佶的《大观茶论》等，把建茶推向高潮。

宋代建茶著世，武夷茶功不可没。宋代的武夷山文化氛围十分浓郁，尤其是宋室南渡后，武夷山成为文化中心之一。朱熹、陆游、辛弃疾等一大批大文人都先后到武夷山寓居、供职、采风，写下了许多脍炙人口的茶诗、茶文。更多文人雅士虽不曾亲临武夷山，却也对武夷茶津津乐道，心生向往。如范仲淹在《和章岷从事斗茶歌》中写道："年年春自东南来，建溪先暖冰微开。溪边奇茗冠天下，武夷仙人从古栽。"苏轼在《荔枝叹》中写道："君不见武夷溪边粟粒芽，前丁后蔡相笼加。"其《凤咮古研铭》中写道："帝规武夷作茶囿。"再如宋祁在《贵溪周懿文寄建茶偶成长句代谢》诗中说："茗箧缄香自武夷。"叶清臣在《述煮茶泉品》中记载："大率右于武夷者为白乳，甲于吴兴者为紫笋。"这些诗文说明当时建茶体系下的武夷茶已久负盛名，并为建茶的传播起到了推波助澜的作用。长期居住在武夷山的大儒朱熹、名道白玉蟾等人也有许多记载当时武夷山茶事的诗文。可以说，当时的武夷茶除了参与建茶入贡，还为文人墨客的诗文酬唱提供了新的灵感和创作素材。

宋代，武夷山茶事已经十分普及，茶文化氛围十分浓郁。武夷山至今犹遗留着斗茶的"竞台"、茶具窑址"遇林亭"等文物。

元代

蒙元的一代名相耶律楚材随元太祖铁木真西征时，在西域向正在岭南的好友王君玉乞茶，并以诗记之曰："积年不啜建溪茶，心窍黄尘塞五车。"当时蒙古军队在铁木真的率领下驰骋万里，军中士兵的饮食多以牛羊肉和奶茶为主，南下后饮食结构才逐渐发生了变化，奶茶逐步被茶饮所代替，成了消食的调剂品。随后，在对汉人的统治与交往中，蒙古人也渐渐接受了喝茶的习俗。

元世祖忽必烈称帝后，沿袭宋代部分朝贡形式，广征各地佳茗，地方官员也千方百计搜集好茶入贡，以取悦皇家，邀功取宠。元至元十六年（1279），时任福建转运使行右副都元帅的高兴路过武夷山，喝到名为"石乳"的武夷茶，回味无穷，爱不释手，冲佑观的道士建议他以此入贡。赵孟𫖯《御茶园记》详细记载了此事："武夷，仙山也。岩壑奇秀，灵芽苗焉。世称石乳，厥品不在北苑下。然以地啬其产，弗及贡。至元十四年（1277），今浙江省平章高兴公，以戎事入闽。越二年，道出崇安。有以石乳饷者，公美芹恩献，谋始于冲佑观道士，摘焙作贡。"

于是，高兴在建茶产地建宁府（今建瓯）建帅府，亲自督促地方官员监制"石乳"。石乳，意为石头中溢出的乳汁，比喻它十分珍贵。元人张涣《重修茶场记》记载："建州贡茶，先是犹称北苑龙团，居上品，而武夷石乳，湮岩谷间，风味惟野人专。圣朝始登职方，任土列瑞，产蒙雨露，宠日蕃衍……斯焙遂与北苑等。"当年秋入觐朝廷时，高兴将它献给皇帝，深得赞赏。自此便由当地官员承办此茶入贡，初时"岁贡二十斤"。

元大德元年（1297），忽必烈之孙元成宗孛儿只斤·铁穆耳在

武夷山茶博园
中御茶园微缩
景观

位时，高兴拜为福建省平章政事，又多次派官员或亲临武夷山监制贡茶。元大德五年（1301）铁穆耳诏令时任邵武路总管的高兴长子高久住就近到武夷山督造贡茶。高久住于第二年指派当地人孙瑀在武夷山四曲兴建皇家御茶园，专门制作贡茶。鼎盛时期，御茶园有场工250户，采制贡茶360斤，制龙凤团茶5000饼，到至正末年（1368）增至960斤。

明代

明初，朱元璋推行休养生息政策，颁令罢造龙团，改贡散茶，

以减少茶农为制作贡茶而花费的时间和人力。洪武二十四年（1391）九月，明太祖朱元璋下诏曰："诏建宁岁贡上供茶，罢造龙团，听茶户惟采芽以进，有司勿与。天下茶额惟建宁为上，其品有四：探春、先春、次春、紫笋。置茶户五百，免其役。上闻有司遣人督迫纳贿，故有是命。"此后，明代贡茶正式革除团饼，采用散茶。但是，明代贡茶征收中，各地官吏层层加码，数量大大超过预额，给茶农造成极大的负担。根据《明史·食货志》载，明太祖时（1368—1398），建宁府每年贡茶 1600 余斤，到隆庆（1567—1572）初，增到了 2300 斤。

贡茶促进了茶业的发展，明代武夷山的制茶技术正在从蒸青向

武夷山茶博园中郑和下西洋浮雕

炒青发展，仍然处于领先地位，把武夷茶推到了一个新的高度，诸多茶书有载。许次纾《茶疏》"产茶"记："江南之茶，唐人首重阳羡，宋人最重建州。于今贡茶，两地独多。阳羡仅有其名，建茶亦非最上，惟有武夷雨前最胜。"罗廪《茶解·原》记："而今之虎丘、罗岕、天池、顾渚、松萝、龙井、雁荡、武夷、灵山、大盘、日铸诸有名之茶。"张大复《梅花草堂笔记》记："武夷诸峰，皆拔立不相摄，多产茶。"谢肇制《西吴枝乘》云："余尝品茗，以武夷、虎丘第一。"

明太祖改贡散茶，看似减轻了农民的负担，却因进贡茶叶的数量不断增加，且对散茶的色、香、味、形提出了更高的要求，因此实际上是加重了地方的负担。尽管如此，改贡散茶也直接刺激了茶叶制作工艺的改良。从明代开始，许多寺庙宫观的僧道加入制茶的行列，并成为武夷山种茶、制茶、品茶的能手。

从1405—1431年，郑和七次下西洋，在福建驻泊伺风开洋时，从福建沿海招募大量水手。福建人自古以来就有饮茶、品茶的习惯，而且海上缺少蔬菜水果，得完全依赖饮茶助消化。于是饮茶的习俗也随着他们带到了东南亚各国去，至今仍影响着海外的茶风。

明中后期，倭寇活动猖獗，嘉靖元年（1522），朝廷厉行海禁。后来，随着明军剿灭倭寇节节胜利，隆庆初年，朝廷局部开放海禁，允许福建漳州月港"准贩东、西二洋"，以征收商税，增加财政收入。明末，福建沿海出现了许多融海盗、海商、海上武装为一体的海上组织，他们开始与荷兰、葡萄牙等西方国家从事海上贸易，武夷茶开始大量出口，飘香海外。明万历年间（1573—1620）徐㶿在《茶考》中说："（武夷）山中土气宜茶，环九曲之内，不下数百家，皆以种茶为业。岁所产数十万斤，水浮路转，鬻之四方，而武夷之名，甲于海内矣。"

清代

明末，由于倭寇骚扰海边，朝廷实行海禁政策。清初，为了切断台湾郑成功之子郑经的物资补给，顺治、康熙两帝下令迁界禁海，福建海边居民内迁 30 里，与台湾最近，曾是反清复明根据地的闽南首当其冲。当时，南明遗老和郑成功的幕僚纷纷逃逸到武夷山，遁迹为僧道，成为武夷岩茶茶山的主人（岩主）。闽南沿海百姓内迁，散居闽浙、闽赣交界一带。由于语言的关系，迁居江西上饶一带的闽南人优先受雇于武夷山的闽南籍僧道（岩主）。僧人和茶工们经过反复的推敲和试验，终于摸索出了一套新的制茶工艺，它包

清代制茶场景图

括萎凋（晾青、晒青）、摇青、炒青、揉捻、烘焙等主要环节。在形成这个制作工艺的过程中，人们发现由于做青（发酵）程度不同，制作出的茶的滋味和香气也不同。发酵程度中等的茶呈绿叶红边，花香浓郁，成品茶形同乌龙，被称为乌龙茶（也称为岩茶、青茶）；发酵程度较高，做出来的茶呈红叶红汤，口味醇厚，被后人称为红茶。至此，武夷茶衍生出了两大茶类——乌龙茶和红茶，武夷山也因此成为乌龙茶和红茶的发源地。

1685 年，茶僧释超全（1627—1715）作《武夷茶歌》，首次记载"岩茶"及其制作工艺。在今天看来制作工艺完全不同的红茶和岩茶，乃在明末清初相伴而生，几乎同时出现。孰先孰后，无法定论。但在武夷茶历史中，"岩茶"一词出现较早，大约在清初；"红茶"一词出现得较晚，大概在清朝中后期。在此之前，武夷岩茶和红茶并没有很明确的分野，统称武夷茶。

民国

民国期间，连年战争，武夷山茶产业受到极大的影响，产销量陡减，大部分茶厂停产或倒闭。但是，由于武夷山地处内地山区，和沿海地区相比仍然相对安全，成为有志之士复兴茶业的试验田。

1938 年，由张天福创办的"福建省建设厅福安茶业改良场"，奉命从福安迁移到武夷山赤石，改名为"福建省农业改进处崇安茶业改良场"。1940 年，中国茶叶公司和福建省在武夷山合资兴办"福建示范茶厂"，合并了崇安茶业改良场，下设福安福鼎分厂和武夷、星村、政和制茶所，由张天福任厂长，庄晚芳任副厂长，吴振铎等任茶师，林馥泉任武夷所主任，王学文任星村所主任，陈橼任政和所主任。武夷山成为福建茶叶生产、研究基地。示范茶场开辟茶园 4000 多亩（1 亩约等667 平方米），进行茶树品种比较等实验，建立品种园，进行扦插、茶子播种、茶苗种植等实验；进行闽茶分级、武夷岩茶含氟量（与协和大学合作）分析；进行简便揉茶机实验，

民国示范茶厂奠基石

成功试制出了"九一八"揉茶机；兴办崇安县初级茶业职业学校，张天福兼任校长；组织桐木关农业生产合作社业务；同时还兴办了砖瓦厂、锯木厂、畜牧场等，以副（业）养茶（业），为当地茶叶生产做出了贡献。

　　1942 年 4 月，由吴觉农创办的"中央财政部贸易委员会茶叶研究所"筹建处由衢州迁到武夷山赤石，以福建示范茶厂为所址，吴觉农任所长，蒋芸生任副所长。从此，中国第一个茶叶研究机构成立，武夷山成为当时中国茶叶研究中心。著名的茶叶专家张天福、吴振铎、林馥泉、庄晚芳、陈椽、叶元鼎、叶作舟、汤成、王泽农、朱刚夫、陈为桢、向耿酉、钱梁、刘河洲、庄任、许裕圻、陈舜年、俞庸器、尹在继等人都曾在此进行研究工作。其中，吴觉农、蒋芸生、王泽农、庄晚芳、陈椽、李联标、张天福七人被纳入"当代十大著名茶叶专家"之列（1986 年，《中国农业百科全书》）。研究所进行了茶树更新、茶树栽培实验、制茶方法改进、土壤和茶叶内含物化验、编印茶叶刊物、推广新技术等，取得了丰硕的成果，为全国

民国时期在武夷山从事茶叶研究的部分专家

茶业的发展做出了贡献。

强大的茶叶专家团队云集武夷山，以武夷茶为标本进行科学研究，把本来就一直处于制茶技艺前沿的武夷茶推上更高一层楼。他们的研究成果无论在今天还是未来都会产生重大作用，如：林馥泉的《武夷茶叶之生产制造及运销》，一直被奉为岩茶圣经；王泽农的《武夷茶岩土壤》至今仍然是研究武夷岩茶的重要参考书，有极高的文献价值。

1946 年 7 月，研究所由南京国民政府中央农业实验所茶叶试验场接管，张天福任崇安茶叶试验场场长，一直到 1949 年中华人民共和国成立。

现代

1949 年以后，武夷岩茶开始复兴，大致可以分为三个发展时期：统购统销时期（1949—1984）、商品化时期（1985—2005）、品牌化时期（2006 年至今）。

1. 统购统销时期（1949—1984）

国家实行茶叶统购政策，茶叶归国家统一经营。1950 年，中国茶叶公司福建分公司于建瓯县创办茶厂。为了便于征收武夷岩茶，该厂在崇安县赤石街设茶叶采购站，收购后包装调往建瓯茶厂加工出口，为国家茶叶出口创汇贡献力量。在茶叶科学研究方面，继续巩固 1949 年以前武夷山作为全国茶叶科研前沿阵地的成果，1959 年在天游峰顶成立茶叶科学研究所。茶叶科学研究所在武夷岩茶名枞认定、遴选、保护、推广种植方面做出了重要贡献，为武夷山茶业全面复兴提供了物质基础和技术保障。

2. 商品化时期（1985—2005）

1985 年，茶叶市场全面放开，扩大了茶叶流通渠道，政府主要通过经营、税收进行茶叶流通的体制管理。1986 年以后，乡镇和村、户茶园管理体制基本完善，全县(市)茶叶经营管理形成以国营企业、集体企业、村茶叶专业队和个体茶叶承包户同时并存、争相发展的局面。

这一时期，武夷山茶文化开始发展，以茶文化带动旅游，以旅游带动茶叶商品流通，实现茶旅互动。1982 年，武夷山被列为首批国家级风景名胜区，旅游事业得到迅速发展，茶文化渐渐成为武夷山文化旅游的重要内容。1990 年，武夷山市政府举办首届岩茶节，并同时创编武夷茶艺，举办各项茶文化活动，开始有意识地"以茶促旅，以旅促茶"，武夷茶艺受到极大欢迎，迅速走红，成为全国各地茶艺表演的范本。此后十多年间，武夷山先后举办了多届岩茶节、国际无我茶会、民间斗茶赛等多种形式的茶文化活动。1996 年，御茶园得到了重建，成为游客欣赏茶文化演出的重要场所。1999 年，

———

武夷岩茶"非遗"传承人奉茶会

武夷山列入世界文化与自然遗产名录，茶文化成为武夷山文化遗产的重要组成部分，得到了进一步弘扬。

2002年3月，国家质量监督检疫检验局通过了武夷岩茶原产地域产品保护申请，批准对武夷岩茶实施原产地域产品保护。同年又颁发了国家标准《地理标志产品　武夷岩茶》（标准号GB/T 18745—2002，2006年经重新修订后，标准号为GB/T 18745—2006）。2003年2月，武夷山市被国家文化部命名为"中国民间艺术（茶艺）之乡"。

3.品牌化时期（2006年至今）

2006年起，武夷岩茶产业进入品牌化高速发展阶段，以茶文化的大繁荣带动品牌传播为主要特征。2006年，以武夷岩茶传统制作技艺入列国家级首批非物质文化遗产名录为契机，各种茶旅融合的营销活动大力开展，茶事大兴，禅茶文化节、海峡茶博会、海峡两岸民间斗茶赛等一系列品牌节事活动持续举办，大型实景演出《印象大红袍》开演，为武夷山茶文化传播注入了新鲜血液。

在茶文化的强势传播之下，武夷山大红袍品牌价值得到巨大

海峡两岸茶博会

提升，带动了茶农和茶企业树立起极强的品牌意识。现有茶山面积
14.8 万亩，全市 14 个乡（镇）、街道、农茶场均有种植茶叶，种茶
区域遍及 96 个行政村，涉茶人数已达 8 万余人，占全市人口 34%。
注册茶企业 3550 家，规模茶企 38 家，通过食品生产许可认证企
业 573 家，市级以上茶叶龙头企业 15 家，茶叶合作社 94 家。全市
拥有茶业中国驰名商标 3 个，国家地理标志证明商标 6 个，著名商
标 40 个，知名商标 120 个。2017 年，武夷山区域内干毛茶总产量
19900 吨，茶叶产值 20.23 亿元，涉茶总产值 60 亿元；成功申报武
夷岩茶中国特色农产品优势区；获批筹建国家地理标志产品保护示
范区；"武夷山大红袍"于 2015 年至 2017 年连续三年荣获区域品
牌价值十强；武夷岩茶荣获"中国十大茶叶区域公用品牌"称号，
武夷茶产业得到全面复兴。

（二）宋代武夷茶"饮"誉日本

宋代武夷茶的品鉴艺术

贯穿整个宋代的茶事，基本上都是围绕着建茶进行的。宋代，以建州（后改称建宁）北苑茶为代表的"龙团凤饼"几乎独贡朝纲，被陆游诗赞"建州官茶天下绝"。龙凤团茶被发明出来之后，其饮用方式——点茶应运而生。后来文人雅士在点茶的基础上，衍生出了分茶艺术。在遴选贡茶的过程中，衍生出的"斗茶"又对当时的茶具——建盏的发展起到了巨大的推动作用。

点茶茶汤

1. 点茶

宋代，随着北苑贡茶的大量入贡，建茶的盛名如日中天，其原因不仅在于它的品质上乘，更在于它被作为一种高端的休闲娱乐的方式和一种高雅艺术的载体。一种新茶类的诞生总是带来一次饮茶革命，唐代所使用的煎煮法逐渐被宋代所摒弃，点茶法成为当时的主流。宋代点茶法是将研细后的茶末放在茶盏中，先冲入少许沸水调羹，然后慢慢地注入沸水，用茶筅击拂，调匀后再饮用。宋代饮茶讲究茶叶本身的原汁原味，而不再在茶汤中加入香料和调味品，是清饮的开端。

2. 斗茶

斗茶源于唐宋，是为遴选贡茶而举办的一种茶叶评比方式。宋元两朝，由于建茶成为主要贡茶，因此在建

———
点茶茶具

———
点茶

———
点茶

红茶汤显现的茶百戏图：相伴一生

乌龙茶汤显现的茶百戏图：拜师图

乌龙茶汤显现的茶百戏图：婷婷玉女峰

乌龙茶汤显现的茶百戏图：月光曲

宁府建安、崇安（今武夷山市）一带十分盛行。随着朝廷对贡茶需求量不断增大，官焙所产不足进贡，于是茶官们想出了一个绝招——斗茶，针对民焙的茶进行评选，优胜的茶也被收购充入贡茶。斗茶主要有两条评判标准：一是汤色，即茶水的颜色，"茶色贵白""以青白胜黄白"；二是汤花，即指汤面泛起的泡沫。决定汤花的优劣也有两项标准：第一是汤花的色泽以白为上；第二是汤花泛起后，水痕出现的早晚，早者为负，晚者为胜。蔡襄《茶录》记载："建安斗试，以水痕先者为负，耐久者为胜，故较胜负之说，曰相去一水两水。"

斗茶从宋代流传至今，虽然形式产生了改变，但至今仍是武夷山最喜闻乐见的茶事活动。

武夷山茶博园宋代斗
茶场景雕塑

3. 分茶

分茶是唐宋时期的一种茶艺，又叫"茶百戏"，北宋初陶谷在《荈茗录》中记载："茶至唐始盛，近世有下汤运匕，别施妙诀，使汤纹水脉成物象者。禽兽虫鱼花草之属，纤巧如画，但须臾即就散灭。此茶之变也，时人谓茶百戏。"具体操作程序是碾茶为末，注之以汤，以筅击拂，此时盏面上的汤纹水脉会幻变出种种图样，若山水云雾，状花鸟虫鱼，恰如一幅幅水墨图画，故也称"水丹青"。当时茶百戏流行十分广泛，许多文人的诗文中都有记载，如陆游的《临安春雨初霁》："世味年来薄似纱，谁令骑马客京华。小楼一夜听春雨，深巷明朝卖杏花。矮纸斜行闲作草，晴窗细乳戏分茶。素衣莫起风尘叹，犹及清明可到家。"

4. 建盏

点茶、斗茶、分茶的盛行，促进了茶道具——建盏的发展。建盏口大足小，不仅易于茶末的沉淀和倒渣，且在口沿与腹部交接处的内壁有一道环形凸圈，正好能约束好茶汤的量，否则"茶少汤多则云脚散，茶多汤少则粥而聚"。另外，斗茶须先预热茶盏，点注

建窑之一遇林亭古窑址

后也要保持一定的温度。建盏胎骨厚重，越往下越厚重，且重心低，除可以保持茶温，延缓水痕出现外，还能稳当放置，便于点茶时击拂。当然，还有最重要的一点，在宋代，茶饼碾成的粉末呈鲜白色，点茶后产生的泡沫自然也是白色，在建盏黑釉的衬托下，黑白分明，美观不说，也利于斗茶时观茶色，验水痕。

建窑之一遇林亭古窑址

宋代考究的喝茶方式及其对器具的讲究使得建盏在那个时代大放异彩，被文人墨客所推崇，并随着茶文化远播日本，成为日本茶道最推崇的道具。

建盏以胎质灰黑为主，釉层厚，有流釉现象，并利用配料使简要的茶具呈结晶状。最具代表性的作品包括兔毫、油滴、鹧鸪斑、曜变等种类。

◎兔毫

兔毫盏是建窑最具代表的产品之一，其黑色釉中透露出均匀细密的筋脉，纤细而柔长，犹如兔身之毫毛，故得名。民间有"银兔毫""金兔毫""蓝兔毫"等之分，其中以"银兔毫"最为名贵。

——
兔毫

◎油滴

油滴盏与兔毫盏的形成机理相似，在烧制过程中胎质中的铁质析出水釉面，并在降温时凝聚形成图案。如果降温时间较长，就形成兔毫状；如果温度下降很快，就会形成断断续续的斑点或油滴斑。在黑色釉面上呈银白色晶斑的称"银油滴"，呈赭黄色晶斑的称"金油滴"。

——
油滴

◎曜变天目

曜变天目（因日本人从浙江天目所得而得名）是建窑黑釉茶器中最珍贵的种类。它的烧成带有极大的偶然性，其釉下一次高温烧成的曜斑，在阳光和一定温度条件下会闪耀出七彩光晕，被日本奉为国宝。

—— 曜变天目

◎鹧鸪斑

鹧鸪斑纹是指在黑色底釉上点染浅色斑纹，色彩明丽生动，对比强烈，效果独特。鹧鸪盏即以此得名。

—— 鹧鸪斑

◎ 供御、进琖

建盏在宋代的特殊地位受到了上至帝王、下至庶民的广泛推崇，为此生产了大量专供皇家斗茶的茶盏，并以"供御""进琖"等底款刻印作为款识，突显其尊贵的地位。

建盏款识"供御"

宋代武夷茶品鉴艺术对日本茶道的影响

宋代，武夷山下龙凤团茶的品饮方式——点茶风靡全国，很快也被日本禅僧带回日本，特别是荣西、南浦绍明、道元、清拙正澄等人把"点茶""茶会""茶宴"传入日本，为形成日本茶道提供基础。

荣西于 1168 年、1187 年两度来中国，带回了茶叶、茶籽，以及植茶、制茶技术和饮茶礼法。1211 年，他用汉文著《吃茶养生记》两卷，介绍了种茶、饮茶方法和茶的效用，称"茶也，末代养生之仙药，人伦延龄之妙术也"。在荣西之前，日本已种茶、饮茶，但荣西的著书和提倡，推动了日本种茶和饮茶的普及，因此被日本人尊为"茶祖"。南浦绍明于日本正元元年 (1259) 入宋遍参名师，后在余杭径山万寿禅寺从临济宗杨岐派松源系的虚堂智遇受法，于南宋咸淳三年 (1267) 回国。日本《类聚名物考》记载："南浦绍明到余杭径山寺浊虚堂传其法而归，时文永四年。"又说："茶道之起，在正中筑前崇福寺开山南浦绍明由宋传入。"日本的《续视听草》和《本朝高僧传》都曾提到，南浦绍明由宋归国，把"茶台子""茶道具"带回崇福寺。

龙凤团茶的制茶、饮茶方法在宋代传入日本。至今日本还保持着中国宋代时期茶叶加工、品饮的特点。特别是日本高级抹茶的制作与加工方式与宋代建茶（武夷茶）基本相似，即先将茶叶 (鲜叶)蒸热后，稍加揉捻，直接烘干，再碾成粉末，拣去茶梗，方才制成。这让茶叶保持了本来的真香、真味、真色，清香味醇，翠绿艳丽。宋代的点茶着重茶的色、香、味，重视茶水比例，而对点茶时的姿势、手势等并没有特别严格的规定，传至日本以后，在禅堂礼法和武士礼法的影响下逐步形成了模式化的点茶式——抹茶道。

随着抹茶道的兴起，发源于武夷山下的斗茶和天目盏（建盏）也在日本盛行起来。但日本的斗茶和中国宋代斗茶有所不同，日本南北朝时代 (1333—1392) 的斗茶主要是区别茶的品种和评比器皿，由于这类斗茶适合当时的武士阶层，故得以大力推广。当时，日本常举行盛大的斗茶会，茶会常以赌博、斗茶和品尝山珍海味为主，是一种享乐性的活动。贵族之间经常举行茶会夸富斗豪，称为"茶数寄"；平民百姓联谊娱乐，也举行茶会，又叫"茶寄合"。另外，在京都的贵族之间流行"唐物（中国的器物）"鉴赏，其实质是竞相比较所拥有的珍贵茶器，天目盏便是最受欢迎"唐物"之一。由于径山寺位于浙江天目山附近，故日本禅僧把从径山寺带回的"茶道具"叫作"天目盏"，那其实是产自武夷山下的建盏。由于建盏古拙的器形和色泽完全符合日本茶道中"侘"之审美，因此它被作为抹茶道的标配茶碗，深受日本茶人喜爱。为此，建盏在宋、元、明三代大量地流入日本。特别是明代，朱元璋罢黜龙团凤饼改贡散茶后，点茶逐渐没落，民间建盏大量流入日本，武夷山下的建窑也逐渐停产。目前，日本官方认定的国宝级文物中，瓷器只有14件，有8件是中国瓷器，这8件中又有4件是宋代建盏，其中3件为曜变盏，1件为油滴盏。

宋代，武夷茶的品鉴方式对日本文化影响至深，点茶、斗茶和建盏成为日本茶道中的重要方法和道具，而茶道作为一种结合宗教、哲学、美学的文化形式已成为日本文化的重要印记，融入日本民族的精神中。

日本茶道

（三）武夷"工夫"行天下

众所周知，武夷山是乌龙茶与红茶两大茶类制作技艺的发源地，但大家也许并不知道，作为这两大茶类衍生出来的工夫茶及其文化，也是武夷茶对世界的另一大贡献。

康熙年间崇安县令陆廷灿《续茶经》引《随见录》记载："武夷茶，在山上者为岩茶，水边者为洲茶。岩茶为上，洲茶次之。岩茶，北山者上，南山者次之。南北两山又以所产之岩名为名，其最佳者名曰工夫茶。"另一任县令刘靖《片刻余闲集》记："岩茶中最高者曰老树小种，次则小种，次则小种工夫，次则工夫，次则工夫花香，次则花香……"梁章钜《归田琐记·品茶》记："山中以小种为常品，其等而上者曰名种，此山以下所不可多得，即泉州、厦门人所讲工夫茶。"董天工《武夷山志》载："第岩茶反不甚细，有小种、花香、工夫、松萝诸名。"郭柏苍《闽产录异·茶》记："又有就茗柯择嫩芽，以指头入锅，逐叶卷之，火候不精，则色黝而味焦，即泉漳台摩人所称工夫茶，颔仅一二两，其制法则非茶师不能。"由此可见，当时的岩茶和今天的岩茶概念不同，当时纯粹是"产区"的概念，而今天指的则是茶类（产地、工艺）。当时的小种是岩茶的一个品类，也不像今天明确属于红茶。此外，当时的武夷茶中还有一个品类较高的茶——工夫茶。

从武夷茶品类到红茶的类别

以"工夫"来描述茶，最早出自释超全《武夷茶歌》中"心闲手敏工夫细"，意思是费时、费工、技术含量高。于是，这种颇费工夫做出来的茶被称为工夫茶。因而,当时的工夫茶是武夷茶的一个品级。根据郭柏苍《闽产异录·茶》所云,工夫茶首先要选择嫩芽为原料,再"以指头入锅,逐叶卷之",类似武夷山红茶传统制作流程中的过红锅工艺,而且讲究火候,只有茶师才能做得好。分析其语意,这和今天的红茶制作工艺颇为接近。

清代,武夷茶畅销海外,极大地带动了邻近地区茶叶的生产和销售。各地为了更好地借武夷茶之名进入市场,纷纷效仿武夷茶制法,于是派生出了政和工夫、坦洋工夫、白琳工夫等武夷茶体系之外的工夫茶,它们后来均被界定为红茶的一种。由此反推,当时的工夫茶极有可能是武夷茶中被今人称为红茶的茶。1989年,当代"茶圣"吴觉农先生在给桐木村茶农江素生的信中写道:"红茶过去亦称'工夫茶',从采摘起到萎凋、发酵、干燥止,要很多'工夫'……"可见他也同意了这一推论。

武夷茶品饮方式

工夫茶创制出来后,与之相应的品饮方式也应运而生。乾隆时期才子袁枚在《随园食单》记载:"余向不喜武夷茶,嫌其浓苦如饮药然。丙午秋,余游武夷,到幔亭峰、天游寺诸处,僧道争以茶献。杯小如胡桃,壶小如香橼,每斟无一两。上口不忍遽咽,先嗅其香,再试其味,徐徐咀嚼而体贴之。果然清芬扑鼻,舌有余甘。一杯之后,再试一二杯,令人释躁平矜,怡情悦性。"这所记载的武夷茶品饮方式和今天工夫茶饮用方式完全一致。该文也是迄今发现最早记载工夫茶品饮方式的资料。

当时,武夷茶的岩主、制茶师、经营者大都是闽南人,他们很

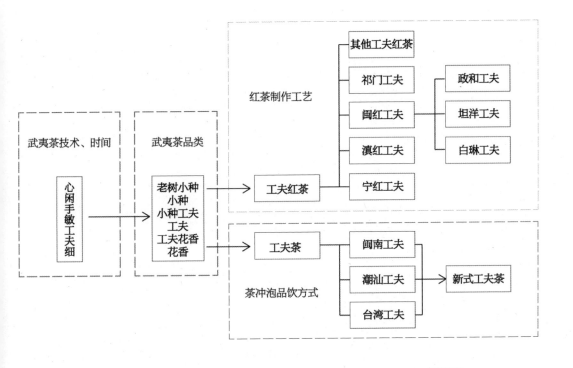

工夫茶演变

快又把工夫茶及其品饮方法传播回了老家闽南地区，使得工夫茶成为闽南人最喜爱的茶品。当时武夷茶产量很低，除了出口，闽南及其相邻的潮汕是最大的消费地。也因此，闽南人和潮汕人品饮武夷茶最为讲究，最为专业，最显工夫。乾隆三十一年（1766）永安知县彭光斗在《闽琐记》中记载："余罢后赴省，道过龙溪，邂逅竹圃中，遇一野叟，延入旁室。地炉活火，烹茗相待，盏绝小，仅供一啜，然甫下咽，即沁透心脾。叩之，乃真武夷也。客闽三载，只领略一次，殊愧此叟多矣。"民国二十年的《厦门志·杂俗》载："俗好啜茶，器具精小。壶必曰孟公壶，杯必曰若琛杯。茶叶重一两，价有贵至四五番钱者。文火煎之，如啜酒然。以饷客，客必辨其色香味而细啜之，否则相为嗤笑。名曰：'工夫茶。'" 他们渐渐地把冲泡、品饮工夫茶的方式和过程简称为工夫茶，从此工夫茶从武夷茶的一个品类被延伸为武夷茶的冲泡和品饮方式。

乌龙茶品饮方式

由于武夷茶大量出口，价格昂贵，闽南人逐渐效仿岩茶制法，制作出了以安溪铁观音为代表的闽南乌龙茶，诚如释超全《安溪茶歌》所载："溪茶遂仿岩茶样，先炒后焙不争差。"后来，由于地缘相近、习俗相同，乌龙茶制法又传入了潮汕和台湾，催生了潮汕乌龙（凤凰单枞）和台湾乌龙（冻顶乌龙）。

同时，与之相配套的泡茶法——工夫茶也在这些地方落地生根，发扬光大。连横在其《雅堂先生文集·茗谈》记："台人品茶，与中土异，而与漳、泉、潮相同，盖台多三州人，故嗜好相似。""茗必武夷，壶必孟臣，杯必若琛，三者为品茶之要，非此不足自豪，且不足待客。"

乾嘉文人俞蛟《梦厂杂著·潮嘉风月·工夫茶》记："工夫茶烹治之法，本诸陆羽《茶经》而器具更为精致。炉形如截筒，高绝约一尺二三寸，以细白泥为之。壶出宜兴窑者最佳，圆体扁腹，努嘴曲柄，大者可受半升许。杯、盘则花瓷居多，内外写山水人物，极工致，类非近代物，然无款识，制自何年，不能考也。炉及壶、盘各一，惟杯之数，同视客之多寡。杯小而盘如满月。此外尚有瓦铛、棕垫、纸扇、竹夹，制皆朴雅。壶、盘与杯，旧而佳者，贵如拱璧。寻常舟中，不易得也。先将泉水贮铛，用细炭煮至初沸，投闽茶于壶内冲之，盖定复遍浇其上，然后斟而细呷之。气味芳烈，较嚼梅花更为清绝。……今舟中所尚者，惟武夷。"

自此，工夫茶不再专指武夷茶的冲泡与品饮方法，而拓展到了乌龙茶类的冲泡与品饮方法，但最被推崇的茶仍然"惟武夷"。

茶，既是解渴的饮料，也是休闲的载体，武夷茶让工夫茶成为"有米之炊"，其根本原因除了岩茶固有的丰富内含物，还由于发酵和炒焙的制作工艺增强了茶的耐泡度（浓厚度）。这种耐泡度适合多次的释放，无形中延长了冲泡和品饮的时间。因此，人们需要寻找到一种可以尽量减少苦涩感，同时适应耐泡度的冲泡方式。这种冲泡方式，首先不能让茶叶长时间浸泡，以免苦涩；其次，由于茶汤浓厚，宜小口品啜；再次，由于茶汤量大，适合多人分享。于是，应运而生一套用一个小壶泡茶、多个小杯供多人共同品饮的泡茶方式——工夫茶。工夫茶最大的特点是具备分享功能，因此成为一种独特的交友和休闲载体。

工夫茶从武夷茶演绎和拓展而来，得到了闽南人、潮汕人、台湾人以及海外华人、华侨的进一步完善和传播。其分享功能、休闲功能、待客功能、表演功能越来越齐全，影响面越来越广泛，如今已成为各大茶类都常用的冲泡品饮方式。20世纪70年代，台湾茶人对工夫茶冲泡方法加以编排和拓展，梳理出了具有表演性质的工夫茶艺，数十年来风靡全国。同时，工夫茶更是被海外华人当作一种寄托乡愁的载体，凭借工夫茶抒发对祖国故土的思念之情。

此外，工夫茶传入欧洲后，被演绎成了下午茶，成为西方人一种日常的休闲方式。

由此可见，工夫茶有一个清晰的演变过程。首先是指武夷茶精工细作的工艺；其次指武夷茶的一个品类；再次指武夷茶的品饮方

英国下午茶场景图

式；后来指乌龙茶类的品饮方式；最后被推广为全茶类的品饮方式。此外，武夷茶中的工夫茶制作工艺传播到各地后，形成了各地的工夫红茶，如闽红三大工夫、祁红工夫、滇红工夫、宁红工夫等。2008年，国家标准《红茶》（GB/T 13738—2008）出台，把红茶分为工夫红茶与红碎茶、小种红茶三大类。

无论是指茶的制作技艺，还是指茶的冲泡方式，工夫茶都是武夷茶对世界的另一大贡献。

（四）"一带一路"上的武夷茶香

武夷茶自明代进入外国人视野后，便逐步成为中国茶输出世界的代表，影响世界近代历史进程。

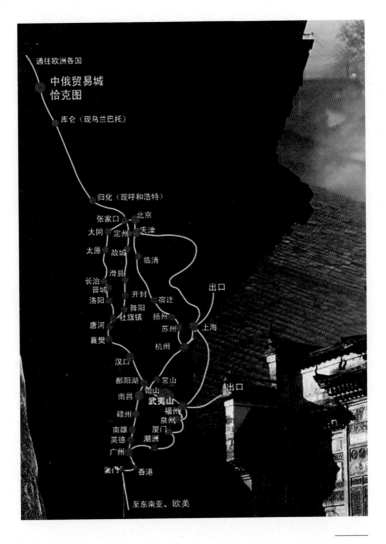

武夷山通往各地的茶路示意图

武夷茶对外贸易盛况

17世纪，荷兰人率先到我国沿海一带从事私下贸易活动，他们看到闽南人喝工夫茶，便把闽南人对茶的发音"Tey"带回欧洲（荷兰语"茶"的单词"thee"的发音和闽南语完全一致），后来又逐渐转变成英语"tea"、法语"thé"。因此，武夷茶是最早为西方人所认知的茶。

此后，西方人逐渐养成了喝茶的习惯。由于茶叶具有帮助消化的功能，而且茶叶中生物碱具有一定的上瘾性，他们很快就对中国茶产生了依赖。随后的3个世纪，西方人纷纷把贸易的重心转向了中国茶。在中国众多的茶类中，由于武夷茶耐储存、耐冲泡，香高味浓，而备受青睐。俄国、荷兰、葡萄牙、英国、法国、美国等国的商人源源不断地把武夷茶贩运到世界各地。在不同的时代，随着世界格局和清政府政策的变化，出现了多条从武夷山通向世界各地的茶叶贸易之路：

1. 武夷山→（江西）铅山→信江→鄱阳湖→九江→长江→（湖北）武汉→汉江→襄阳→（河南）唐河→社旗→洛阳→（山西）晋城→长治→祁县→忻州→（河北）张家口→（内蒙古）呼和浩特→（蒙古）乌兰巴托→（俄国）恰克图→莫斯科→圣彼得堡→欧洲

清政府出于"防汉制夷"的政治考量，同时为了打击反清复明势力，施行了空前的闭关锁国政策，顺治十二年（1655）六月，下令沿海省份"无许片帆入海，违者立置重典"；顺治十八年（1661），又实行"沿海迁界"政策，强行将江、浙、闽、粤、鲁等省沿海居民分别内迁30—50里，设界防守，严禁逾越。直到康熙二十年（1681）"三藩之乱"平定，康熙二十二年（1683）台湾告平，清廷方开海禁，于1685—1687年间先后设立闽、粤、江、浙四海关，分别管理对外贸易事务。但是，仅仅过了30多年，全面开海的政策就开始收缩，面对日益严重的"海寇"活动和西方势力在东亚海域的潜在威胁，康熙五十五年（1717）朝廷再次实行禁海，即《南洋禁海令》。南洋禁海虽然并非全面禁海，但对于正在不断发展的中国民间对外贸易无疑是沉重的打击。到雍正五年（1727），在大臣的反复奏请讨论下，朝廷担心闽粤地区因洋禁而引发海患，才同意废除《南洋禁海令》，随即开放了粤、闽、江、浙四口通商。但到乾隆二十二年（1757），朝廷又下令关闭江海关、浙海关、闽海关，指定外国商船只能在粤海关——广州一地通商，并对丝绸、茶叶等传统商品的出口量严加限制，对中国商船的出洋贸易，也规定了许多禁令。

　　海禁加速了陆上贸易的发展。康熙二十八年（1689），中俄签订《尼布楚条约》，中国茶叶开始源源不断进入沙俄；雍正五年（1727），中俄签订《恰克图界约》，确定恰克图为中、俄互市地点。晋商率先嗅到了商机，不远万里到武夷山，贩运武夷茶，从武夷山出发，途经江西、湖北、河南、山西、河北、蒙古，以挑夫、舟筏、马帮、驼队相继接力，水浮陆转，运到恰克图交易；再由俄罗斯商人运往莫斯科、圣彼得堡，进入欧洲。从起点武夷山到欧洲，绵延上万公里，这条茶叶贸易之路被称为"万里茶道"。

　　根据《武夷图序》记载，这条茶路从河南社旗到张家口还有一条路径："河南赊镇（今河南社旗县城）→北舞渡（今河南省舞阳县北）→朱仙镇（今属河南省开封市祥符区）→道口（今属河南省安阳市滑县下辖镇）→河北郑家口（今河北省衡水市故城县下辖镇）→定州（今河北定州市）→上口（今河北张家口）"，其中赊镇至北舞渡为陆路；北舞渡至朱仙镇为水路；朱仙镇至道口为陆路；道口至郑家口至定州为水路；定州至上口为陆路。

万里茶路风情图

　　清乾隆、嘉庆、道光年间，中俄茶叶贸易繁盛，这条茶路上的驼铃数里外可闻。这条继丝绸之路之后兴起的另一条联通世界的商路，大大促进了武夷茶的发展，提高了武夷茶的知名度。

　　2. 武夷山→（江西）铅山→玉山→（浙江）常山→兰溪→杭州→京杭大运河（苏州、扬州、淮安、宿迁、临清、天津、通州）→北京→（河北）张家口→（内蒙古）呼和浩特→（蒙古）乌兰巴托→（俄国）恰克图→莫斯科→圣彼得堡→欧洲

　　与"万里茶路"相对平行的还有一条水路——京杭大运河。武夷茶运到铅山后，从河口镇逆信江上行，向东运至玉山，雇挑夫运到浙江的常山，在常山装船，沿衢江、兰江、桐江、富春江，水运

茶叶贸易中的
"怡兰"茶号

至杭州，再从杭州转入京杭大运河，经江苏苏州、扬州、宿迁、山东临清、天津、北京通州、河北张家口，到达呼和浩特，并入"万里茶道"。

3. 武夷山→（江西）铅山→弋阳→贵溪→南昌→丰城→樟树→新余→峡江→吉水→吉安→太和→万安→赣州→南康→（广东）南雄→曲江→清溪→英德→清远→佛山→广州

1757 年后，广州一度成为华茶出口的唯一口岸。朝廷确定广州十三家洋行署理对外贸易事务，即"广州十三行"。十三行老板大都是福建、潮州人，茶叶一度成为他们最大宗的买卖，多个洋行都深入武夷山茶区收购茶叶，有的还在武夷山置办茶山，他们开辟了从武夷山到广州的"茶叶之路"。茶叶采集收购后，首先汇集在崇安县城南约五十里的星村；然后由星村运至江西省铅山县河口镇；从河口改为水运，经信江，进入鄱阳湖；经鄱阳湖到南昌；由南昌溯赣江而上，途经丰城、樟树、新余、峡江、吉安等地，运到赣州府；

广州十三行茶叶交易场景

再从赣州沿小河运至大庚；在大庚上岸，挑运至广东省南雄州的始
兴县；在始兴县再装船运到韶州府曲江县；从曲江沿北江顺流南下
运至广州。

罗伯特·福琼在《两访中国茶乡》中记载："如果计划运到广
州市场，他们就顺流（信江）西下鄱阳湖，经过南昌府和赣州府，
穿越大梅岭，到达广州。从武夷山运输到广州大约需要 6 周或 2 个

月。"这条漫长的水陆运程，大约 1500 公里，茶叶价格因而大增，有人粗略地估计，茶叶的运费达总成本的三分之一。

4. 武夷山→（江西）铅山→玉山→（浙江）常山→兰溪→杭州→上海

1851 年太平天国爆发后，长江中下游地区、鄱阳湖一带成为主战场，1853 年太平军占领了长江水道，南北纵贯的"万里茶道"被迫中断，茶商们被迫改变运输线路。武夷茶运到铅山后，从河口镇逆信江上行，向东运至玉山，雇挑夫运到浙江的常山，在常山装船，沿衢江、兰江、桐江、富春江，水运至杭州，再由杭州转运到上海，从上海直接出口，或海运到天津，再从天津途经北京，运到张家口，并入"万里茶道"。

关于这条线路，罗伯特·福琼在《两访中国茶乡》一书中有详细记载，并详细列表说明，罗列了各个站点之间的路程和时间："从崇安县到河口 280 里，历时 6 天；从河口到玉山 180 里，历时 4 天；从玉山到常山 100 里，历时 3 天；从常山到杭州 800 里，历时 6 天；杭州到上海 500 里，历时 5 天；全程 1860 里，历时 24 天。"

5. 武夷山→建溪→南平→闽江→福州

为了攫取高额利润，东印度公司处心积虑谋求开辟一条从武夷山经由福州出口的新茶路，以便"能够直接获得武夷茶，而免去陆路运费以及在原价以外所附加的内地通过税"。早在英国政府给第一次派往中国的使臣的指令中，就提出要中国"划给英国一个地方"为通商口岸，这个口岸必须"靠近上等华茶的出产地"。西方人对中国茶的需求量不断增加，使得许多茶商获利，虽然规定广州一口通商，但是仍有不少地方走私出口。嘉庆十八年（1813），东印度公司试图开辟福州至广州的茶叶海运路线，从福州用海船运茶叶至广州，全程不过13天，但立刻被清政府所禁止。嘉庆二十二年(1817)，清廷谕令皖、浙、闽三省巡抚："严饬所属，广为出示晓谕，所有贩茶赴粤之商人，俱仍照旧例，令由内河过岭行走，永禁出洋贩运，倘有违禁私出海口者，一经掣获，将该商人治罪，并将茶叶入官。若不实力禁止，仍私运出洋，别经发觉，查明系由何处海口偷漏，除将守口员弁严参外，并将该巡抚惩处不贷。"武夷茶被指定"由内河过岭行走，永禁出洋贩运"，所以不能直接使用更廉价的水路运输。

但是西方东印度公司仍不死心，多次派人驾船潜入闽江，拟追溯到武夷山打探茶情，被发现后"开炮击回"。1834年11月，英国鸦片商人戈登(G. J. Gordon)与传教士郭士立前往福建，乘小船沿闽江而上，顺利进入了武夷茶区，向当地茶农详细了解茶树的种

19世纪福州茶港盛况

植、茶叶加工、茶叶病虫害、茶叶销售等情况。他们经过多番调查，得出一组可观的数据：武夷山到福州只有 240 公里，而且顺流而下只需 4 天，在福州可以用低于广州 20%—25% 的价格买到武夷茶。福州在武夷茶对外运输的地位可见一斑。

　　清政府在坚守福州不开放的态度也毫不含糊，据《利玛窦中国札记》《西方文化与中国（1793—2000）》等书记载，在 1842 年《南京条约》的谈判中，英方坚持认为福州开放问题涉及中英间的"武夷红茶贸易"，坚决不放手，并声称"贩卖茶叶，以福州为便，务求准予通商"。道光皇帝对福州的战略价值极为重视，绝不开放。

武夷茶水运码头手绘图

他于 8 月 17 日谕称："闽省既有厦门通市，自不得复求福州"，22 日重申"福州地方万不可予"，如万不得已"另以他处相易之"。最后英方以开放天津为威胁，"不如所请，即行开仗"，道光皇帝不得不妥协。此后，正如《武夷山志》所述：英人"福州既得，茶禁大开，将来入武夷山中，不啻探囊拾芥"。

1842 年《南京条约》签订后，福州虽然不得不对外开放，但仍然遭到当地官府和民间的抵制，直至 1853 年才真正开放。美国传教士卢公明在日记中写道："1853 年，由于美国旗昌洋行的努力开创，福州一举成为重要的红茶市场。而在此之前，没有一箱茶叶经此港运往国外。这年春天，上述这家公司特派其在上海的中国代理商来到位于福州西边和西北边的茶区，大量收购茶叶，而后用小船沿闽江而下，运到福州港。此时福州港已做好了外轮运输的准备，把收购的茶叶运往国外。"

武夷山至福州茶路的开通，西方人找到了武夷茶最近的出海口，还由于运输成本非常低廉，更给西方人带来极大的利润，从此加速了武夷茶的贩运，极大地促进了武夷山及其周边地区茶产业的发展，福州也由此成为茶叶大港，持续了半个世纪的辉煌。

武夷茶从福州出海后，又分叉出南北两个方向的线路，北线的路径为：福州→天津→通州→张家口→乌兰巴托→恰克图→莫斯科→圣彼得堡→欧洲。福州往北的海上茶路在天津登陆，在张家口并入了"万里茶道"。

南线的路径为：福州→广州→马来西亚、新加坡、印尼、泰国等东南亚国家→马六甲海峡→欧洲，与"海上丝绸之路"基本重叠。

──────

波士顿倾茶图

武夷茶贸易对世界格局的影响

以武夷茶为代表的中国茶叶以及纺织品大量销往欧洲，《中国茶经》记载："英国当局规定每船必须载满七分之一武夷茶方可回国入口"，给欧洲国家造成了极大的贸易逆差。为了扭转这个局势，西方列强以鸦片输入中国来掠回黄金白银。中国茶叶为西方殖民者提神益思，无意中也滋长了他们殖民世界的野心。他们以鸦片来毒害中国人的身心，把中华民族推向生死存亡的边缘。茶与鸦片针锋相对的矛盾背后是国家、民族利益的矛盾，最终导致了鸦片战争的爆发。

随着英国殖民者的坚船利炮，武夷茶被一道写进了"日不落帝国"的神话。当时号称"世界货物总调度"的东印度公司把武夷茶送到各殖民地，以垄断而牟取暴利。在北美，中国茶成为时尚的饮品。为了扩充军备，英王乔治三世于1765年规定，凡殖民地所用茶叶及其他物品均需课税。英国国会通过了《茶叶税法》，以中国武夷茶叶向北美殖民地征收高额茶税。为了逃税，许多地方出现了走私武夷茶的现象。英国殖民当局为维护东印度公司的权益，允许该公司低价倾销茶叶，而对其他商家、买家则高额收税，遭到当地人民的奋力反抗。他们成立"茶党"，反对茶税，拒购茶叶，经常举行集会与示威活动。茶客们宁愿放弃饮茶嗜好，改饮咖啡与其他代用品，或宣布停止饮茶，并提出凡为东印度公司藏茶、装卸茶叶、出售茶及买茶者，当视为公敌。1773年12月16日，波士顿茶党打扮成印第安人，手持短斧，分三组登上了东印度公司的茶叶船，打开船舱，劈开木箱，把三艘船上342箱价值18000英镑的武夷茶，在3个小时内全部倒入大西洋。这一著名的"波士顿倾茶事件"是北美殖民地人民对英国殖民暴政的反抗，成了北美独立战争的导火索。

（五）武夷茶的失窃和世界茶业的兴起

18、19世纪，茶叶成为西方东印度公司最大宗的生意，在世界贸易的角逐中，英国胜出，成了"日不落帝国"，殖民地遍布世界。英国殖民政府为了进一步垄断世界的茶叶贸易，计划在其适合茶叶生长的殖民地种植茶叶，以摆脱受制于中国的被动局面，同时也可以降低运输成本，便开始专门研究把武夷茶引种到其殖民地印度的可行性。为此，19 世纪 40 年代印度总督本廷克（Bentinck）组织成立茶叶委员会，并分别派该组织秘书戈登（Gordon）和园艺学家罗伯特·福琼（Robert Fortune）先后于 1834 年、1849 年潜入武夷山，

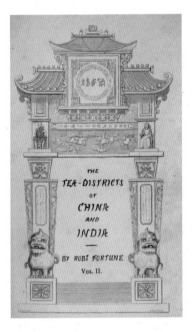

《两访中国茶乡》扉页

罗伯特·福琼与家人合影

取得茶籽、茶苗运往印度，在印度大吉岭等地育种试种，并获得成功。此后，又聘请武夷茶师到印度传授武夷红茶的制作工艺。随后，印度、斯里兰卡、土耳其、肯尼亚纷纷引种茶叶，大力发展茶产业，让中国茶从此失去世界贸易话语权。

园艺学家罗伯特·福琼（Robert Fortune）受英国皇家园艺协会派遣，在1839—1860年曾4次来华调查及引种，其间又受到英国东印度公司委派，分别从浙江、安徽、福建等地采集茶籽和茶苗，引种到英属殖民地印度，特别是从"优质的红茶产区"武夷山采集到了优质茶苗，了解到最有特色的"Black tea（条形乌黑色的茶）"制作工艺，并聘请制茶工人到印度传授制茶技术，直接催生了英国及其殖民地的茶产业，改变了世界茶业版图，进而改变了世界的经济和政治格局。

罗伯特·福琼猎取武夷茶

1845年5月，罗伯特·福琼从上海乘船到福州。罗伯特·福琼的船抵达长乐附近的白吠岛，再雇佣当地船夫带路，经五虎礁、马尾，抵达福州。时值雨季，福州街路都被洪水淹没，在途中他们遭遇了各种盘问，感受到这个被迫新开放港口的官员和百姓对他的百般敌意。罗伯特·福琼曾这样自述道：

> 成百上千的人跟着我们，簇拥在轿子的周围，四面八方都听得到他们在叫"番仔""番仔"——他们对外国人的特有称呼，有的还夹杂一些带有更多恶意的称呼。

还有人攻击他的随从，由于涉水而行，步履维艰，当地人还用水来泼他们。他们只好曲意逢迎，躲躲闪闪，但还是受到了严密的监视，所有的行踪都被报告给了官府。官员极力劝阻他去产茶的农村，担心他很难得到乡民的信任，会很不安全。但为了茶的使命，他还是执意前行，终于在福州郊北（应是北峰一带）如愿取得了一株茶树。后来，他"把这棵茶树带到北方绿茶产区，在经过细致的对比后，发现它与绿茶茶树完全相同。"他由此得出了一个改变西方人对茶叶认知的重要结论：

> 通常运到英国去的，来自中国北方的那些红茶和绿茶，实际上产自同一种茶树树种，它们在颜色、味道等方面的不同，仅仅是因为加工方式的不同而已。

他认为福州靠近武夷山，福州的茶树和武夷山的应该是一样的，于是自感收获满满。之后他搭乘福州往宁波的木材船，途中遭遇海盗，历经劫难，方到达宁波。他于当年 10 月 10 日，将从福州、舟山、宁波等地采集来的植物运往香港和英国。

1849 年，罗伯特·福琼再次来到福州，雇一艘船上溯闽江，但船夫到了水口（古田县境内）就不肯继续前行，他没能雇到继续北上武夷山的船，而且担心身上带的路费不够，于是就派随从人员继续北上武夷山采集茶苗，绕道浙江内地到宁波，而他自己却顺水下福州，再乘船到宁波和他们汇合。他曾担心雇员随意就近顺道采集茶苗而冒充采自武夷山，还想出了一个妙招：让雇员从水口到武夷山采集茶苗后，再特意到徽州采集一些茶苗，同时还要求雇员采集一种他们一年前曾经一起到徽州采集过的独特的植物作为交差的凭证。那样，让雇员到武夷山采集茶苗就变成顺道的事，无需弄虚作假。

于是，罗伯特·福琼和他的雇员就在水口分道扬镳。12 天后，他回到了宁波。再过 3 周，雇员也回到宁波，并顺利收集到了许多分别来自"红茶优质产区"武夷山和"绿茶产区"徽州的茶苗。

为了向大英帝国保证"设在印度西北诸邦的茶园里的茶树苗都确实来自中国最好的茶叶产区"，罗伯特·福琼认为"如果能亲自去那红茶产区参观一趟，我会更满意一些"，决定再次问鼎武夷山。于是，他于 1849 年 5 月 15 日从宁波出发，取道余姚、绍兴，溯新安江，经严州（今建德），溯兰溪，经龙游，于 6 月 1 日抵达衢州；次日经常山，进入江西省，又经玉山、广信府（今上饶）、铅山进入福建省崇安县。一路上，他看到了贩运武夷茶的繁忙景象，特别是在江西铅山，他看到了两种搬运方式：

> 路上现在可以看到很多背着茶叶箱子的搬运工。大多数人只背着一箱茶叶。人们告诉我，箱子里都是一些高品级的茶叶，茶叶箱一路上都不能接触到地面，所以这些茶叶送达目的地的时候，通常保存得比那些低品质的茶叶更好。茶叶箱按下述方式背着：两根竹竿，各长 7 英尺左右，这两根竹竿的一头，一边一根，牢牢地与茶叶箱绑在一起。两根竹竿的另一头则并起来绑在一起，这样形成一个三角的形状。通过这种方式，搬运工可以把茶叶箱扛在他的肩头，脑袋则正好夹在两根竹竿围成的三角中间。为了把茶叶箱更轻松地背在肩头，箱底还会绑上一小块木板。下面这幅素描可以清晰地说明这种背送茶叶的方式，比任何文字都要更简明一些。搬运工们就这样背着茶叶箱，当他们需要休息的时候，就把竹竿一头插在地上，把竹竿垂直竖起，这样整个箱子的重量就都由地面承受去了，搬运工一点也不觉得吃力。

罗伯特·福琼《两访中国茶乡》插图

　　所有低档次的茶叶，都用普通方式把它们挑下山来，也就是说，搬运工们用扁担挑茶叶，扁担两头各挑一箱。等到他休息的时候，不管是在山上还是客栈里，茶叶箱就直接放在地上，沾到泥土，等它们运到目的地，茶叶的外观就不如那些用另一种方式运下山的高级茶叶了。

　　在闽赣交界的分水关，他看到了来回穿梭的搬运工，"那些往北走的搬运工身上都背着茶叶箱，往南走的搬运工则背着铅和茶叶产区需要的其他一些货物"。

　　某一天早上10点，福琼一行来到了崇安县城（今武夷山市区），停留3小时，简单考察一下县城就继续往武夷山（景区，产茶区）行进。他对武夷山的最初印象是：

　　等到我完全走出崇安县的郊区，我生平第一次看到了大名鼎鼎的武夷山。它位于上一章我提到过的那块高原上，包括好些个小山头，每个山头看上去都不到1000英尺高。它们外形一致，山上几乎全是一些陡峭的悬崖。似乎是老天爷某次威力巨大的震动把整个山体抬升到一定的高度，然后另一股力量又把山头拉得有些错位，并把这大山头分裂成上千座小山头。只有通过这样的手段，武夷山才有可能呈现出现在这种风貌。

罗伯特·福琼一行终于到了目的地，住进了武夷山最大的一个寺庙。

从崇安县到武夷山只有四五十里，但这只是走到山脚下的距离，而我们打算投宿的那家寺庙却在山顶附近，所以我们要走的路程远不止这个数。到了山脚以后，我们打听前往寺庙的道路。"你们想去哪家庙？"我们听到的是这样的回答，"武夷山上有将近一千家寺庙呢。"辛虎解释道，我们不知道那些寺庙的名字，我们希望到最大的那家去。最终，有人给我们指示方向，前往某处悬崖脚下。等我们到了这个地方，我以为可以在山上半山腰的某处看到寺庙，但我们什么也没见到，只看到一条在岩石间辟出的小小山路，通向某处似乎难以逾越的地方。我现在必须下轿了，然后在山路上蹒跚爬行，经常要手脚并用。好几次，轿夫们都停下来不肯走，说轿子一步也前进不了了。但在我的逼迫下，他们也只好跟在我后面爬着把轿子抬了上来。

（这个寺庙）坐落在武夷山顶一个小山谷的斜坡上，这个山谷似乎就是为了建寺庙而特意挖出来的。山谷底部有一个小小的湖，开了很多莲花……从湖边到寺庙，土地上种的全是茶树。

在这个寺庙，他们一行人受到了住持的盛情款待。住持亲自为他卷烟，并邀请他们共进晚餐，请他坐在住持的左手边尊位，并不断给他敬酒，招呼他吃鱼吃菜。饭后，还给每人准备一盆热水和一条湿毛巾，好让他们餐后可以擦脸。此外，住持还为他们安排了宵夜。可见他们受到了很好的招待，与几年前在福州所受到的攻击形成天

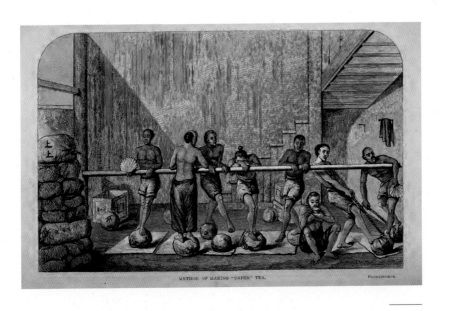

罗伯特·福琼《生活在中国 1852—1856》中制茶场景

壤之别。

　　武夷山寺庙和尚喝酒吃鱼之事令罗伯特·福琼颇为费解。"我吃惊地发现其中有道菜竟然是小鱼，因为我一直以为佛教信徒是不能碰任何荤腥的。"彼时，武夷山中的僧人和道士是武夷岩茶真正的所有者，俗称"岩主"，其地主之身份大大显著于僧道之身份，他们也并非真正信仰者或修行者，与其说是出家人，不如说是茶老板。他住在寺庙的两天里，就遇到很多向僧人购买茶叶的商人。

　　第三天早上，罗伯特·福琼离开寺院，穿过武夷山（景区）的群峰，到达九曲溪边的一个道观。这个道观"建在依山流转的小溪边。这条小溪在武夷山中随着山势而迂回环绕，所以中国人把它叫做九曲溪，溪水把整个山区分成两部分——南部和北部，北部山区所产

《两访中国茶乡》中武夷山九曲溪图　　　《两访中国茶乡》中武夷山脉图

的茶叶据说更好一些。这儿出产一种特别高级的小种茶和白毫茶，但我估计它们很少有机会出口到欧洲去，即使出口，数量也会是非常非常小"。

　　根据他的游记记载："在一些悬崖上可以看到很奇特的记号，远远看上去，它们似乎是某只巨手按出来的印迹。"这里应该是指九曲溪六曲的仙掌峰，因此可以判断他所投宿的道观位于这一带。

　　他在这个道观住了两天，"参观了很多茶田，成功地采集到了大约 400 株幼苗。这些幼苗后来完好地运到了上海，现在大多数都在喜马拉雅的帝国茶园里茁壮成长呢。"

第三天他作别道士，前往著名的茶市——星村（Tsin-tsun）。

> 星村是一个小镇，就建在闽江某一条支流的溪岸边，这条
> 小溪把武夷山分成南北两部分，也把小镇分成两半，中间一道
> 桥梁把它们连在一起。镇上有很多客栈、饭馆和茶叶店，给前
> 来这儿的茶商和搬运工们落脚。周围山上出产的大量茶叶，都
> 被运到这儿来进行交易，然后送往崇安县，翻过武夷山运到河
> 口去。

罗伯特·福琼在星村做了短暂逗留便准备返程，可是返程应选
择怎样的路线呢？他做了一番认真分析：

> 到达星村镇的时候，我很想沿着闽江直下福州府。如果一
> 路顺利，没碰到什么麻烦的话，4 天时间就可以完成这一行程，
> 因为整个行程都不需要换船，直接可以到达目的地。可是这条
> 线路有两个缺点：一是我不能参观更多地方；另一个就是，一
> 旦到了福州，我要离开那儿比较困难。
> 在头脑中权衡一番之后，我决定，既不走福州府这条路线，
> 也不沿着我来时的路线折返，而是走另一条路，直接向东到浦
> 城县，然后翻越武夷诸山，从山北下到浙江省。

罗伯特·福琼沿着梅溪逆行，路过上梅（Shemun）、石陂
（She-pa-ky）、浦城县（Pouching-Hien）、忠信（Tsong So，浦
城最北的一个乡镇，《两访中国茶乡》误译为"九牧"）、廿八都
（Er-she-pa-du），到达浙江省江山，再从兰溪江、新安江，回到上海。

令茶文化研究者们不解的是罗伯特·福琼取道梅溪，但并没有
提到或记载曾经作为茶叶集散地的下梅，却记载了梅溪上游的上梅。

大概是因为当时下梅茶市已经荒废，如《崇安县志》载："清初，本县茶市在下梅、星村，道咸间，下梅茶市转赤石，下梅废，而赤石兴。"

1849 年 10 月、11 月，罗伯特·福琼又分别从徽州和浙江各地采获了大量茶树种子和幼苗，先集中种植在好友比尔的上海房子的花园里，然后用沃德箱分装成四批，分装在四艘船上运往印度的加尔各答。由于涉嫌偷运，担心路上被检查、阻拦，因此采用"不把鸡蛋放在一个篮子里"的原理，以确保安全。1850 年夏天，这些茶树被安全送抵目的地。

罗伯特·福琼猎取武夷茶对世界茶产业的影响

诚如美国作家萨拉·罗斯在《茶叶大盗》中所说："福琼从中国成功盗走茶种及其相关技术，制造了迄今为止世人所知的最大一起盗窃商业机密的事件。时至今日，福琼的做法仍被定义成商业间谍活动，在人们看来，他的行为的性质就跟偷走了可口可乐的配方一样。"

诚然，被誉为中国人第五大发明的茶叶的种质资源和制作技艺被窃取，造成了无法挽回的损失，标志着清政府持续两百多年来的"以茶制夷"战略走向终结，严重影响了中国近代经济的发展。

1852 年，罗伯特·福琼在英国出版了他在中国猎取茶叶的游记《两访中国茶乡》，把中国人历经数千年探索发现出来的茶叶秘密广而告之于世界，为英国及其殖民地的茶产业发展初绘了蓝图，其详实的记载，精细的数据，入理的剖析，为英国在印度发展茶产业提供了一份不可多得的"商业计划书"，极大促进了英属殖民地茶业发展。

英国掌握了茶叶优质种质资源和制作技术之后，在其适合种茶的殖民地——印度大力发展茶产业，让茶叶从中国传统文化下的农产品变成全球通用的工业品，实现了企业化、标准化、规模化生产，大大降低了成本，使得传统的、个性化的中国茶叶进一步失去了竞争力，结束了中国茶对世界茶叶市场的垄断地位，直接导致了100多年来中国茶叶失语世界市场，形成了今天"七万个中国茶厂不敌一个立顿"的窘境。

罗伯特·福琼从中国猎取茶叶和明代陈振龙把番薯从吕宋带回中国有类似之处。

万历二十一年（1593）在吕宋（即菲律宾）做生意的福建长乐人陈振龙，见当地种植一种叫"甘薯"的块根作物，"大如拳，皮色朱红，心脆多汁，生熟皆可食，产量又高，广种耐瘠"。想到家乡福建山多田少，土地贫瘠，粮食不足，陈振龙决心把甘薯引进中国。当时的菲律宾尚处于西班牙殖民统治之下，视甘薯为奇货，"禁不令出境"。陈振龙经过精心谋划，"取薯藤绞入汲水绳中"，并在绳面涂抹污泥，于1593年初夏，巧妙躲过殖民者关卡的检查，"始得渡海"。航行7天，于农历五月下旬回到福建厦门。因甘薯来自海外，闽地人故称之为"番薯"。由于番薯的抗逆性较强，种植环境要求比较低，其迅速在幅员辽阔的中国遍地种植，成为仅次于水稻、小麦和玉米的第四大粮食作物，养活了亿万中国人，特别是在自然灾害严重的年份，救活了无数生命。

因此，撇开商业利益，罗伯特·福琼的猎茶行径客观上促进了世界物产传播，改善了世人的生活方式和生命质量，促进了人类文明进程，也是一件造福人类的大事。

时至今日，罗伯特·福琼猎茶事件给我们的警示意义大于一切：中国茶产业的提升迫在眉睫，保护知识产权任重道远，从"中国制造"到"中国创造"的飞跃势在必行！

（二）

碧水丹山，珍木灵芽

——

（一）好山好水出好茶

"碧水丹山"的地形地貌

武夷山市隶属福建省，位于福建、江西两省交界处，在武夷山脉的东南坡下，介于东经117°—118°、北纬27°—28°之间。东连浦城，南接建阳，西临光泽，北与江西省铅山县毗邻，全境东西宽70千米，南北长72.5千米，土地面积约2800平方千米。武夷山市属于中亚热带海洋性气候，四季分明，无霜期长，年平均温度17—19℃；雨量充沛，年降水量在2000毫米左右；全年雾日达100天以上，光照充足而温和，是茶树生长的乐园。

武夷山市全境群山环抱，地貌为山地丘陵，东部、西部、北部千山万壑，地势险峻，峰谷连绵，溪流迂回；中部、南部地势较为平坦，河谷山涧盆地众多，构成向南开口的马蹄形地形。海拔千米

武夷山丹霞地貌景观

武夷山碧水丹山地貌景观

以上的大山有 38 座，最高峰黄岗山海拔 2158 米，最低为兴田镇南岸村，海拔仅 165 米。海拔 800 米以上的中山面积占土地总面积 12％，海拔 500—800 米的低山面积占 46%，海拔 250—500 米的高丘面积占 30.6%，海拔 250 米以下的低丘面积占 11.40%。

武夷山的丹霞地貌，岩体纹理清晰，块面平整，岩质疏松，易于风化，也称为砂砾岩。武夷山"丹山"及其所特有的易于风化的砂砾岩为武夷岩茶提供了最原始的养分，让岩茶的灵魂——岩韵有所依附。

武夷山"碧水"的特征首先得益于武夷山每年高达 2000 毫米的降水量，加上上游原始森林能保持较多的水分，可有效防止水土流失。武夷山的"碧水"为岩茶提供了"石乳"的滋养，使之岩韵更加彰显。

优越的生态条件

武夷山保存了世界同纬度带最完整、最典型、面积最大的中亚热带原生性森林生态系统，发育着明显的植被垂直带。2007 年，武夷山已知植物 3728 种、动物 5110 种，为了合理有效地保护武夷山珍贵的生物资源，1979 年武夷山成立国家级自然保护区；1987 年，武夷山保护区被联合国教科文组织接纳为世界"人与生物圈"保护区；1999 年，武夷山又被联合国教科文组织确认为"世界文化和自然遗产地"。

景区茶园生态景观

生态茶园

　　武夷岩茶主产区主要分布在武夷山脉南坡、保护区边缘地带，优越的生态条件给武夷岩茶带来多方面的好处。

　　首先，茂密的植被可以涵养水土，让茶园的土壤保持湿润，还会形成局部的水汽循环系统，使得茶园云雾缭绕，有利于茶叶的光合作用。其次，植物多样性促进武夷岩茶岩韵特征中花香的形成。武夷山上兰花、野百合、彼岸花、野果、毛竹、锥栗、香樟等各种野生植物和茶树互相伴生，有的成为茶树的寄生植物，为茶叶的生长营造了一个良好的生长氛围。"落花不是无情物，化作春泥更护花"，各种植物的落叶、落花经自然的淋溶作用进入土壤，成为茶树独特的养分，使得茶叶带上了桂花香、粽叶香、兰花香、水蜜桃香、青苔味等各种不同的香气和滋味，丰富了岩茶的"岩骨花香"特征。再次，植物多样性使得茶园的害虫有更多的候选食物，在茶叶发芽的春季，它们会选择啃噬比茶树叶子更加甜润的植物，从而降低了对茶叶的破坏。此外，生态的完整性构成了完整的生物链，使得茶园的害虫有各自的天敌，从而最大程度地降低了茶园的病虫害，因之无需过多地喷洒农药，确保茶叶安全、健康。

不可复制的风化岩土壤

武夷岩茶主要产区大致可以分为风化岩产区和高山生态产区。风化岩茶园主要分布在武夷山风景区内，其土壤由岩石风化而成。远古时期，武夷山是一个内海，由于地壳运动，武夷山脉隆起，海底沉积物抬升，成为武夷山景区的岩石。由于武夷山中温差较大，砂砾岩受热胀冷缩作用和雨雪风霜的侵袭，表皮脱落，在水流和其

风化岩茶园

风化岩茶园

他自然力的作用下，积淀在岩谷之间，日积月累成为土壤，最早的武夷茶就野生在这种"海枯石烂"的土壤之上，矿物质含量丰富，与唐代茶圣陆羽在《茶经》"（茶）上者生烂石，中者生砾壤"的描述完全吻合。这种土壤气息在岩茶制作和品饮过程中的感官反映，被称为"岩骨"，是岩茶最主要的特征。

　　武夷山生态茶区主要在武夷山景区的西北边岚谷乡、星村镇、洋庄乡，临近武夷山主脉，属于武夷山保护区的外延，该区植被完好，百里竹海，常绿阔叶林、落叶阔叶林、针阔混交林、针叶林是梯级分布，以吴三地、程墩、长滩、山口的高山生态茶区为代表，海拔在300—1050米，平均海拔700多米，地形高度落差大，温度、植物带、土壤均呈垂直分布。武夷山高山生态茶园大部分分布在武夷山脉南坡的支脉山地，土壤以红壤与黄红壤为主，成土母质以粗粒花岗岩、

风化岩土壤

火山岩为主，岩石风化和土壤淋溶作用非常明显，矿质含量高，孔隙度大，通透性好，不会烂根，土壤 pH 值在 4—6.5，非常有利于茶树生长，所产岩茶高山韵特征十分明显。

气候条件

武夷山景区多沟谷坑涧，狭窄的坑涧的每日光照甚至不足四五个小时，身处其中的茶园的光照都比较少，一般在上午 10 点至下午 3 点，光照适度。武夷山每年有将近三分之一是云雾天气，景区内常见云雾缭绕，云雾对阳光进行了有效的过滤，在降低光照强度的同时又产生有益于茶树生长的漫射光，有利于茶叶良好品质的形成。此外，由于茶园周边植被比较高大，使得太阳光穿透其间，常常以碎片的方式洒落在茶园上，让茶树享受着恰到好处的光合作用。人们常说"高山云雾出好茶"，其原因就在于高山云雾多，漫射光多，光质和强度起了变化，有利于茶树的同化作用，促进了茶叶质量的提高，尤其是氨基酸的含量和芳香物质的种类和数量增多，从而形成岩茶独特的品质风格。

———
雨雾缭绕的茶园

　　武夷山属中亚热带季风湿润气候，四季分明，雨量充足。全年平均温度 19.7℃；最热月是 7 月，月平均温度为 27.5℃；极端最高气温 41.2℃；冬季和早春不太冷，气温多数在 0℃以上，极端最低气温 −8.1℃；年平均无霜期 255 天，初霜日期在 11 月 28 日前后，终霜日期在 2 月 22 日前后。气候特征表现为夏无酷暑，冬无严寒，四季分明，昼夜温差较大。武夷岩茶各主产区 ≥ 10℃的年活动积温大于 5000℃，十分有利于武夷岩茶的生长。

　　武夷山脉呈东北—西南走向，每年的冷空气南下到达武夷山时，因受到山脉的阻挡不能直接南下东进。冬季武夷山脉两侧气候迥然，西北侧的江西冰天雪地时，东南坡的武夷山市尚无酷寒。有了武夷山脉的阻隔，武夷山的冬天比同纬度的内陆地区气温高了许多。武夷山脉南坡是东南季风的迎风坡，水汽充足，每年冷暖流在此频繁交汇，降水充沛。故武夷山市气候总体温暖湿润，年均降水量 1600—2200 毫米，年均相对湿度在 80% 左右，一般在 78%—84% 之间，春茶季节湿度高达 90% 以上。武夷山山区地势高低差悬殊，区内气候的垂直变化颇为显著。在武夷山湿润的环境下，茶叶细胞的原生质更好，保持较高的水分，由此芽叶嫩度高、品质好；同时充沛的水分有利于有机物积累，提高氨基酸、咖啡因和蛋白质的含量。

　　喜湿怕涝是茶树的一大特性，茶树是叶用植物，芽叶的生长要求水分充足，季节性长期干旱不利于茶树生长，低洼地长期积水、排水不畅让茶树根系发育受阻，也不利于茶树生长。在武夷岩茶产区，水分对茶树的作用方式尤为特别。武夷山沉积岩的地质结构让岩体成为巨大的天然"蓄水池"，降水过后，雨水就自动蓄积在疏松的岩体里，有效溶解岩体里的矿物质，形成矿泉水，在干旱的季节潺潺沁出，沿着岩壁源源不断滋润着岩茶的根系，而多余的水分就从孔隙度较大的茶土中渗漏到山谷的坑涧。

泉水常年从岩石中渗出

（二）武夷岩茶山场划分

武夷岩茶山场划分的演变

山场是指具有相对稳定的土壤、生态、气候等条件及其相互作用而形成具有独特氛围的地理环境，所产茶叶具有一定的地域特征。由于武夷山具有多种地形地貌形态、海拔落差和丰富的土壤种类，造就了武夷岩茶众多山场——小产区。自古以来，武夷茶就以此为特，从来就有"岩岩有茶，非岩不茶，茶茶不同"的说法。不同山场的岩茶具有不同的韵味，也具有不同的价值，由此形成了诸如正

武夷山名胜图绘

岩、半岩、外山等约定俗成的概念。在不同时代，制茶工艺、品饮方式、品鉴取向的不同，会导致市场需求不同，岩茶山场的划分方法也随之不断演变。

古代，武夷岩茶主要产于狭义的武夷山（今武夷山国家级风景区），古人根据地域特征及其对茶品质、风味的影响，将产区分为正岩产区、洲茶产区和外山产区。陆廷灿在《续茶经》记载："武夷茶在山上者为岩茶，水边者为洲茶，岩茶为上，洲茶次之。"正岩区相当于现在的山北景区，以三坑两涧为中心，所产岩茶也称大岩茶；洲茶产区相当于现在的九曲溪、崇阳溪沿岸的洲地；外山产区则是指当今景区以外的地方。

后来，人们又把产区分为正岩、半岩、外山，基本上把整个景区范围都纳入正岩产区，景区周边一带为半岩产区，其他的为外山产区。还有一种说法是，景区的茶园称为正岩，武夷山脉南坡，吴三地、程墩一带的高山产茶区称为内山。

2002 年颁发的国家标准《武夷岩茶》（GB/T 18745—2002），把岩茶产区分为名岩产区和丹岩产区。名岩产区就是指景区，丹岩产区就是指景区之外的武夷山市行政区域。

2006 年重新修订的国家标准《武夷岩茶》（GB/T 18745—2006）中，岩茶产区不再区分名岩与丹岩，武夷山市行政区域的2800 平方千米范围内均为岩茶产区。

虽然新国家标准把岩茶产区扩大到了全市范围，但综合以往各种对武夷岩茶产区的山场分区，按地形、地貌、生态、气候，以及各地所产茶叶特质，人们还是习惯把品质较高的岩茶产区分为正岩产区（景区）和半岩产区（高山生态产区）。

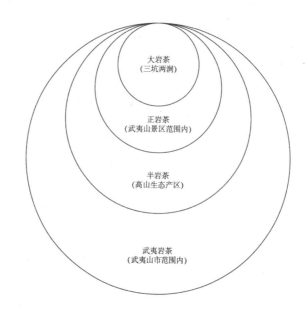

大岩茶
（三坑两涧）

正岩茶
（武夷山景区范围内）

半岩茶
（高山生态产区）

武夷岩茶
（武夷山市范围内）

武夷岩茶山场划分示意图

正岩产区（景区）

正岩产区，也叫作风化岩产区，相当于现在武夷山风景区70平方千米的地域范围，因土壤以风化岩为主而得名。清初僧人释超全在《武夷茶歌》中记载："凡茶之产准地利，溪北地厚溪南次。平洲浅渚土膏轻，幽谷高崖烟雨腻。"王草堂《随见录》记载："武夷茶，在山上者为岩茶，水边者为洲茶。岩茶为上，洲茶次之。岩茶，北山者上，南山者次之。"也就是说以九曲溪为界，九曲溪以北的山场土层较厚，九曲溪以南的土层较薄，因此在传统上又把岩茶产区分为溪北和溪南两个部分，溪北之茶优于溪南。

改革开放之后，武夷岩茶得到了较大的发展，人们习惯把景区"三坑两涧两窠一洞"（大坑口、牛栏坑—倒水坑、慧苑坑、悟源涧、

—— 马头岩

—— 倒水坑

悟源涧

流香涧

牛栏坑茶园

流香涧、竹窠、九龙窠、鬼洞）视为最佳产区。20世纪80年代以来，肉桂品种深受大众喜爱，得到大力推广种植，从此人们又把肉桂特征优异的产地也列入重点产区，如马头岩、马枕峰等。如今，在约定俗成的语境中，景区风化岩产区主要范围为：东至崇阳溪，南至南星公路，西至高星公路，北至黄柏溪。比较有名的产地包括：三姑石—悟源涧—马头岩—三花峰—九龙窠—倒水坑—天心岩—杜葛寨—大坑口—牛栏坑—流香涧—慧苑坑—竹窠—章堂涧—鬼洞—丹霞嶂—燕子峰—北斗峰—曼陀岩—水帘洞—桂林—瑞泉岩—莲花峰—三仰峰—双乳峰—天游峰—桃源洞—北廊岩—金井涧—大王峰—九曲溪—虎啸岩——一线天—狮子峰—马枕峰。

风化岩产区所产岩茶，俗称正岩，香气馥郁，滋味厚重，岩韵明显，品质优异。近年来，由于市场化的深入和消费者口感等精细化需求的提高，武夷岩茶风化岩产区又被以带岩、坑、涧、洞、窠的地名进行单列宣传。如马头岩、牛栏坑、竹窠、鬼洞等成为"山场中小山场"，所产茶价格不菲。

半岩产区（高山生态产区）

如果说景区风化岩茶园是武夷岩茶的重要代表，那么高山生态茶园则是武夷岩茶的主力军。因为景区面积不过 70 平方千米，区内茶园占武夷山茶园总面积不到 10%，而生态茶园占武夷山茶园总面积的 50% 以上。

生态茶园

　　武夷岩茶生态茶园的基本要求是：海拔 300 米以上，茶山坡度在 25° 以下，需"头戴帽、脚穿鞋、腰绑带"，即山顶上要有常绿阔叶林涵养水土，半山腰和山脚下也要有森林带分布，绿色的茶园就像玉佩错落地镶嵌在森林之中。武夷岩茶生态产茶带位于武夷山市西北面的武夷山脉南坡，从岚谷乡、洋庄乡、武夷街道办延伸到星村镇，像一条绿色的走廊围绕在武夷山景区的西北侧，比较有代表性的山场包括：山口—长滩—吴三地—程墩—岚上—桐木—曹墩—四新—黄村—星村。

生态茶园

———

老丛水仙

　　高山生态茶入口甜润，香气清爽、纯正，特别是吴三地的老丛水仙，具有明显的棕叶香，成为武夷水仙的上品。

三

岩岩有茶，茶茶不同

—

（一）武夷岩茶品种体系

武夷茶的植物学类属

茶在植物分类学上的类属是：植物界—种子植物门—双子叶植物纲—山茶目—山茶科—山茶属—茶种—变种。

武夷茶在植物学上的类属为：

界——植物界（Regmum Vegetabile）

门——被子植物（Angiospermae）

纲——双子叶植物（Dicotyledoneae）

目——山茶目（Theales）

科——山茶科（Theaceae）

属——山茶属（Camellia）

组——茶组（Camellia sect thea.L）

种——武夷种（thea, bohea）

变（亚）种——武夷变种（var, bohea）

由于武夷山地貌奇特，即便同一山岩、同一茶园或者近在咫尺的茶树，所产茶叶口感韵味可能都各不相同。在长期的自然演变中，武夷山产生了形形色色的茶树品种，是名副其实的茶树品种王国，是茶叶界公认的茶叶品种发源地，有丰富的种质资源。

武夷岩茶品种园

武夷岩茶品种体系

20世纪60年代后，武夷山茶叶研究所开始对岩茶进行不间断地整理、研究、推广，岩茶的品系越来越清晰。按茶树品种来源分，武夷岩茶可分为武夷菜茶选育品种、外地引进品种和新选育品种等3大类

第一类是武夷山当地的茶树品种——武夷菜茶（又称武夷变种），以及从中选育出的各类名丛。这类品种在武夷山种植历史悠久，其中优良品种已被无性繁育，推广种植，成为武夷岩茶的主要品种。如：肉桂已成为武夷岩茶的当家品种，大红袍、水金龟、铁罗汉、白鸡冠、半天腰等五大名丛已成为武夷岩茶最具特色的品种。

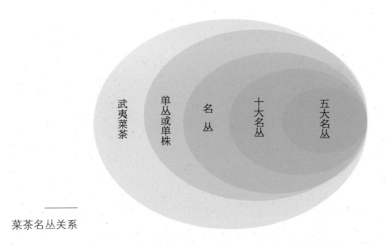

武夷菜茶　单丛或单株　名丛　十大名丛　五大名丛

菜茶名丛关系

半天腰

水仙嫩梢

铁罗汉

水金龟

名丛不见天

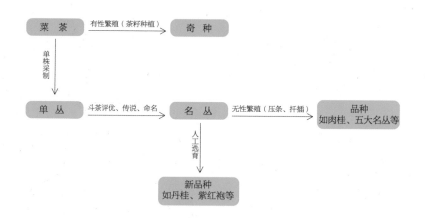

菜茶演变

第二类是从外地引进的茶树良种，主要是近几十年至近百年来引进的品种，如水仙、乌龙、梅占、奇兰、本山、黄旦、佛手、毛蟹等。

第三类是由茶叶研究机构培育的新品种，如金观音、黄观音、黄玫瑰、丹桂、瑞香、悦茗香、金凤凰等。

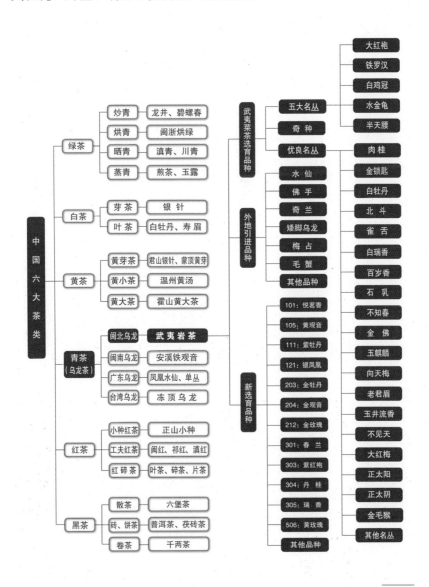

武夷岩茶品种谱系图

（二）三"品"大红袍

　　大红袍原为武夷岩茶名丛的名称，随着时间的推移和后人的拓展应用，如今的大红袍有三层含义，在不同的语境下大红袍分别为武夷岩茶品种名称、商品名称和品牌名称。

岩茶茶树品种的名称

　　从茶树品种上来说，大红袍与其他众多名丛一样有着十分动人的传说。据说古代有一位举子进京赶考，路过武夷山，昏倒在路边，奄奄一息，时值茶季，被天心寺采茶的僧人所救，并以一种陈茶入药为其治疗。举子得救后继续进京应考，并考取状元，而后回武夷

大红袍祖庭天心永乐禅寺祭茶祈福大典

山报答救命之恩。僧人告诉他救他命的是九龙窠的几棵茶树，状元就脱下红袍披盖茶树，跪拜谢恩。从此那几棵茶树就被称为"大红袍"，随着美好的故事名扬天下。从文化角度来分析，大红袍的故事暗合了中国人治病救人的慈善精神、金榜题名的美好寓意和知恩图报的传统美德，充满了浪漫主义色彩，寄托着满满的正能量，因此数百年来一直被津津乐道，同时也被披上了神秘的袍子。

由于文化宣传把大红袍推上了神坛，使得人们敬之畏之，不敢贸然靠近，更别说进行科研和推广了，故一度错过了进一步发展的机会。直至20世纪60年代大红袍才走出传说，走下神坛，再现真容。1962年和1964年，中国农科院茶叶研究所和福建省农业科学院茶叶研究所两次从母树大红袍剪枝带回繁育，并取得成功；1985年，

传承人祭拜大红袍母树

武夷山茶科所又将大红袍从福建省茶科所引种回武夷山，开始有意识地推广种植大红袍。

但是大红袍仍然只是一个武夷岩茶的名丛，并不是真正意义上的茶树品种，而且民间对大红袍有许多疑问和误解，比如：奇丹是不是大红袍？北斗、雀舌和大红袍有什么关系？等等。其实，从地方的名丛变为茶叶品种，必须经过有关部门审查认证，必须具备选育品系的遗传稳定性、生产栽培的经济性、对气候环境的适应性。为此，茶科所展开了一系列研究工作，对6株母树进行比对，得出三个重要结论：

（1）6株母树中第1株与第5株同源，第2株与第6株同源，第3、4株与其他4株都不同源；

（2）奇丹与大红袍有共同的遗传组成，系异名同物；

（3）北斗与大红袍有遗传距离，非同种同物。

目前，无性繁殖的大红袍已得到大面积推广，2012年大红袍被正式审定为福建省级茶树品种。

所谓的无性繁殖技术，就是剪取茶树顶穗，直接扦插到别处，经过细心管理，培育成茶苗的技术。与有性繁殖（利用茶树种子繁殖）相比，无性繁殖具有繁殖速度快、母本性状保留完整的特点。事实证明，无性繁殖的大红袍茶树，基本性状与母本一致，性状也同样稳定。有些企业也把它命名为纯种大红袍。

大红袍母树虽然由不同的菜茶组成，但是其并没有分开来采摘和制作，四个品种是一次性混在一起采制的，也就是说在采制过程中不自觉间已实现了不同品种的拼配，因此，母树大红袍的成品茶正是多品种武夷菜茶拼配的结果。

拼配岩茶商品名称

作为茶树品种的大红袍与作为茶叶品名的大红袍有很大区别，前者是茶树的品种名称，后者则是茶叶商品名称。

历史上茶叶长期属于国家专控商品，中华人民共和国成立后仍由国家有关部门统购统销，由于计划经济时期实行物资统一供给制，茶叶极少作为商品在市场上自由流通，且武夷岩茶由集体或国营茶厂制作，由国家指定的茶叶公司收购，大部分出口国外。武夷岩茶当时以水仙、肉桂等品种名为商品名，或直接以武夷岩茶的名称进行产销。20世纪80年代后期，随着社会经济和武夷山的旅游事业的发展，特别是到了20世纪90年代初，随着计划经济向商品经济的过渡，知道和喜欢大红袍的人也越来越多，市场对大红袍商品茶叶充满了期待。于是，茶叶科研人员从母树大红袍天然拼配的原理中得到了启发，既然六株大红袍母树也是由不同品种天然拼配而成，那从不同名丛中挑选合适的品种进行人为拼配也一定能行。于是，经过多次试验，拼配大红袍面世了，作为以"大红袍"为品名的商品茶进入了市场。

大红袍商品茶包装图样

经专家们审评，这种拼配的大红袍完全具备优质岩茶的特征，可以作为商品茶投放市场。事实上，这种产品一度成为武夷山热销的王牌产品。特别是那种由陈橼题名"大红袍"，印着大红袍叶片图案的红色小包装茶，在相当长的时间里从武夷山走向大江南北，直到现在，依然是最醒目的大红袍商品茶标志。

由于大红袍商品茶在市场上获得成功，产生极大的经济效益。于是，从 20 世纪 90 年代起，武夷山的许多茶厂纷纷效仿，生产拼配"大红袍"。

武夷岩茶品牌名称

生产的厂家多了，难免出现鱼龙混杂、真假难辨的现象，甚至出现外地厂家生产的冒牌"大红袍"，引起消费者的不满。为了保证大红袍商品茶的质量，政府有关部门及时采取措施，制订了国家强制性岩茶质量标准，实行原产地地理标志认证制度，为包括大红袍在内的岩茶传统制作工艺申请了国家非物质文化遗产，并将"武夷山大红袍"注册为证明商标，授权给符合标准的厂家使用。同时，有关部门还对武夷山茶叶市场进行整顿，实行上市审批和茶叶专销点制度，从而有效地保证了大红袍商品茶的质量。近年来，随着大红袍的知名度的不断提高，从某种程度上来说，大红袍商品茶已成了武夷岩茶的代名词。

如今，经过武夷山新老茶人们的努力，大红袍终于从神话走向了现实，从高高在上的神坛走进了千家万户。

（三）武夷岩茶两生花：水仙与肉桂

　　"香不过肉桂，醇不过水仙"，肉桂和水仙是武夷岩茶两大当家品种，一个以香气取胜，一个以滋味领先；肉桂以其霸气、辛锐、刺激称著，常被比作阳刚的男人；而水仙则以其柔顺、低调、内敛、淡定闻名，被喻为温柔的女子。水仙和肉桂阴阳搭配，撑起了岩茶产业，两者占武夷岩茶种植面积的80%以上。这是茶叶管理和研究部门在推广品种过程中取舍的结果，因为两者在特征上具有极强的互补性，可以满足不同口感喜好人群的需要，而且这两个品种稳定性强、抗逆性强、抗病虫害能力强、性价比高，且采制期先后有序，对生产极其有利。

水仙嫩梢　　　　　　　　　　肉桂嫩梢

水仙和肉桂都是岩茶品种中的标杆，岩茶所有的品种都可以以水仙和肉桂为参照，分为阴性和阳性、刚性和柔性、霸气和温和。如铁罗汉、丹桂、瑞香等可归为肉桂型，梅占、佛手等可归为水仙型。

水仙与肉桂特征对比

项目	水仙	肉桂
原产地	福建省建阳市小湖乡大湖村	福建省武夷山景区慧苑岩、马枕峰
栽种历史	始于清道光年间（1821—1850）	100 多年
品种编号	国家品种编号 GS 13009—1985	福建省级品种编号闽审茶 1985001
推广时间	1960 年代	1980 年代
概述	无性系，小乔木型，大叶类，晚生种	原为武夷名丛之一。无性系，灌木型、中叶类，晚生种
特征	植株高大，树姿半开张，主干明显，分枝稀，叶片呈水平状着生，长椭圆形或椭圆形，叶色深绿，富光泽，叶面平，叶缘平稍呈波状，叶尖渐尖，锯齿较锐、深、密，叶质厚、硬脆。始花期通常在 10 月上旬，盛花期 10 月下旬，花量少，结实率极低。花冠直径 4 厘米，花瓣 7 瓣，子房茸毛多，花柱 3 裂	植株尚高大，树姿半开张，分枝较密。叶片呈水平状着生，长椭圆形，叶色深绿，叶面平，叶身内折，叶尖钝尖，叶齿较钝、浅、稀，叶质较厚软。始花期通常在 10 月上旬，盛花期在 10 月下旬，开花量多，结实率较高。花冠直径 3 厘米，花瓣 7 瓣，子房茸毛中等，花柱 3 裂，花萼 5 片

项目	水仙	肉桂
特性	春季萌发期迟，2010年和2011年在福建福安社口观测，一芽二叶初展期分别出现于3月26日和4月11日。芽叶生育力较强，发芽密度稀，持嫩性较强，淡绿色，较肥壮，茸毛较多，节间长，一芽三叶百芽重112克。在福建福安社口取样，两年平均春茶一芽二叶含茶多酚17.6%、氨基酸3.3%、咖啡碱4%、水浸出物50.5%。产量较高，亩产乌龙茶干茶150千克。适制乌龙茶、红茶、绿茶、白茶。制作乌龙茶色翠润，条索肥壮，香气长似兰花香，味醇厚，回味甘爽	春季萌发期迟，2010年和2011年在福建福安社口观测，一芽二叶初展期分别出现于4月1日和4月17日。芽叶生长势强，发芽较密，持嫩性强，紫绿色，茸毛少，一芽三叶长8.5厘米、一芽三叶百芽重53克。在福建福安社口取样，两年平均春茶一芽二叶含茶多酚17.7%、氨基酸3.8%、咖啡碱3.1%、水浸出物52.3%。产量高，亩产乌龙茶干毛茶150千克以上。适制乌龙茶，香气浓郁辛锐似桂皮香，滋味醇厚甘爽，"岩韵"显，品质独特
特色	特性有随树龄变化之趋势，树龄越老特色越显	特性有随山场变化之趋势，坑涧肉桂和岩顶肉桂有一定差异

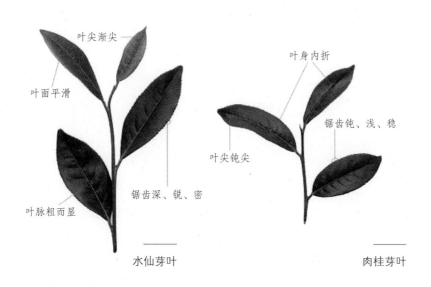

水仙芽叶

叶尖渐尖
叶面平滑
锯齿深、锐、密
叶脉粗而显

肉桂芽叶

叶身内折
锯齿钝、浅、稳
叶尖钝尖

（四）武夷岩茶新品种

在喝武夷岩茶的时候，经常会听到 105、204、304、305、506 这些数字，有些茶友还以为这是什么密码、暗号呢，其实这些数字是茶树品种的科研代号，分别对应黄观音、金观音、丹桂、瑞香、黄玫瑰等新品种。这些由福建省茶科所选育的新品种，因为品种特征明显，品质优异，适应性和适制性强，产量高，产值高，经济效益好，逐渐受到武夷山茶农、茶企青睐，在调节茶季的生产时间、生产力、生产设备等方面也起到重要作用，在武夷山的种植面积日渐增多。

新品种选育一般以性状比较稳定的老品种为母本、父本进行人工或自然杂交后，选出最佳的植株再进行单株选育，单株选育后再进行无性繁育推广。也就是先进行有性的杂交，杂交出许多后代，再选出最佳的植株，进行培育，性状稳定后再以无性繁育的方式进行推广种植。目前众多的新品种中，黄观音、金观音、金牡丹、紫玫瑰是由铁观音和黄棪（又名黄金桂、黄旦）杂交的后代中采用单株育种法选育而来；黄奇是由黄棪与白芽奇兰人工杂交的后代中采用单株育种法选育而来；悦茗香、紫牡丹、春兰是从铁观音自然杂交的后代中采用单株育种法选育而来；瑞香、春闺是从黄棪自然杂交的后代中采用单株育种法选育而成；紫红袍（又名九龙袍）是从大红袍（副株）自然杂交的后代中采用单株育种法选育而成；丹桂是从肉桂自然杂交的后代中采用单株育种法选育而成；黄玫瑰是由黄观音与黄棪人工杂交的后代中采用单株育种法选育而来；金玫瑰是由铁观音与黄奇人工杂交的后代中采用单株育种法选育而来。

武夷岩茶常见新品种代号与通用茶名对照表

武夷岩茶	
常见新品种代号	通用茶名
3	金锁匙
台 12 台 27	金萱
55	月中桂
66	小红袍
101	悦茗香
105	黄观音
111	紫牡丹
120	金凤凰
121	银凤凰
201	瓜子金
203	金牡丹
204	金观音、茗科 1 号
210	紫玫瑰、银观音
212	金玫瑰
301	春兰
303	紫红袍、九龙袍
304	丹桂
305	瑞香
308	春闺
506	黄玫瑰

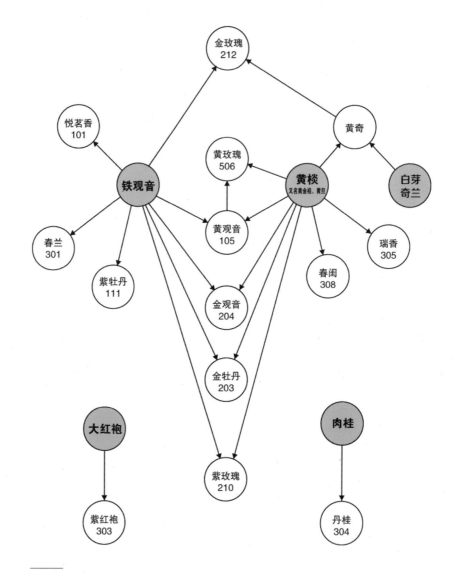

武夷岩茶新品种体系图

四

武夷焙法，实甲天下

—

武夷岩茶是乌龙茶的鼻祖。乌龙茶乃半发酵之茶，制作工艺极其讲究。释超全有一曲《武夷茶歌》，从宋代丁谓、蔡襄两人创制龙团凤饼讲起，概述了武夷茶的历史、地理环境与茶叶的采制，率先提出了"岩茶"一词。其后，曾编撰《武夷山志》的浙江名士王草堂，在大王峰下筑室寓居，留有《茶说》一文，记载："武夷茶自谷雨采至立夏，谓之头春……茶采后以竹筐匀铺，架于风日中，名曰晒青。俟其色渐收，然后再加炒焙。阳羡岕片只蒸不炒，火焙而成。松萝、龙井皆炒而不焙，故其色纯。独武夷炒焙兼施，烹出时半青半红，青者炒色，红者焙色。茶采而摊，摊而摝，香气发越即炒，过与不及皆不可。既炒既焙，复拣去其中老叶枝蒂，使之一色。释超全诗云'如梅斯馥兰斯馨''心闲手敏工夫细'，形容尽矣。"首次对岩茶"摊""摇""先炒后焙"等工艺进行详细记载。这种工艺流传至清代，已成为天下之首。当代著名茶叶专家陈椽认为："武夷岩茶的创制技术独一无二，为世界最先进，值得中国劳动人民雄视世界。"这一传承四百余年的工艺在2006年被列为首批"国家级非物质文化遗产"。

武夷岩茶传统制作工艺大体可以分为：采摘→倒青（萎凋）→做青（反复几次）→炒青→揉捻→复炒→复揉→走水焙→扬簸→拣剔→复焙→归堆→筛分→拼配等十余个环节。20世纪中期以来，由于制茶机器的使用，岩茶制作工艺得到了一定的更新。传统手工制作与机械生产相结合，既保住了岩茶传统的风味，又能适应大规模生产的需求，在这种古今结合的制作工艺中"岩韵"得到了最合适的诱发。

（一）武夷岩茶初制工艺

采摘

岩茶采摘的老嫩、粗细都直接关系到最终成茶的品质，因此，茶青的质量至关重要。

1. 采摘标准

武夷岩茶要求茶青采摘标准为新梢芽叶生育较完熟（采开面三、四叶），俗称"开面采"，要求无叶面水、无破损、新鲜、均匀一致。武夷岩茶要求的最佳采摘标准为中小开面三叶。不同的品种略有些差异，如肉

适合采摘的茶叶嫩梢

桂以中小开面最佳，水仙以中大开面最佳等。每个品种的最佳适采期都较短，在同样的山场位置和栽培管理措施下最佳适采期为3—4天，同一品种在适采期加工不完时则应掌握偏嫩开采，即在茶园内新梢近一半带芽、有一半以上开始小开面时开采，到大部分中开面、小部分大开面时全部采摘结束，采摘标准控制在一芽三四叶至中大开面三叶，采摘期可延长到6—8天。

2. 采摘时间

茶叶开采期主要由茶树品种、当年气候、山场位置和茶园管理措施等因素决定，武夷山现有主栽品种的春茶采摘期为4月中旬至

人工采茶

机械采茶

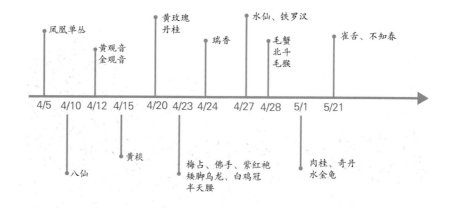

岩茶主要品种采摘时间

5 月中旬，特早芽种在 4 月上旬，特迟芽种在 5 月下旬。

采摘当天的气候对茶青品质影响较大。晴或多云天，露水干后采摘较好；雨天或露水未干时，采摘的茶青最差。一天中，上午 9—11 时、下午 2—5 时的茶青质量最好，露水青最次。因此，岩茶加工期宜选择晴或多云的天气采制，雨天尽量不采制，或少采制，这样就有利于提高茶叶的总体品质。

3. 采摘方式

岩茶采摘分人工采摘和机械采摘两种方式。人工采摘需人员多，成本高，管理难度大。应加强带山人员的管理来控制茶青标准、采摘净度和青叶外观质量。幼龄茶园的打顶采和茶园分散、地形复杂、茶树长势不一处较为适用人工采摘。

机械采摘省劳工、成本低、速度快、效率高，适宜大面积标准化管理的茶园使用。初次使用机采时茶青质量较差，含有大量的老梗、老叶，长短不一，因此使用机采前应先用修剪机定剪若干次，使树冠形成整齐的采摘面，以提高茶青质量。连续使用机采 2—3 年

春茶丰收

后则茶青质量会明显提高，是大生产的主要采摘方式。但长期连续采用机采会使茶树芽梢多而瘦小，干茶外形变细而欠肥壮，影响成品茶的外观质量。可用人工采摘和机械采摘交替使用和留养夏秋茶来防止该项缺陷。

4．茶青储运

茶青采下后，倒进青篮，应及时运达茶厂，进入下一道制作工艺——萎凋。储运期间应尽量缩短时间，并注意通风散热，避阳薄摊，减少搬动次数，避免剧烈摇晃，防止青叶堆放过厚、过紧、过久而造成渥堆发酵，使茶青质量下降，影响茶叶品质。

萎凋

萎凋是指青叶在一定的温度、湿度条件下均匀摊放，使鲜叶脱去部分水分，并促使叶内化学成分变化的作业。武夷山人也把这个程序形象地称为"倒青"，因为萎凋后原本坚挺的青叶就倒了下去，变得柔软，使得进行后一道工序——摇青时不会把叶片摇断或摇碎。

1. 萎凋标准

感观标准为青叶顶端弯曲，第二叶明显下垂且叶面大部分失去光泽，失水率为10%—16%。大部分青叶达此标准即可。青叶原料（茶树品种、茶青老嫩度等）不同其标准也不同，如叶张厚的大叶种萎凋宜重，茶青偏嫩时萎凋宜重，反之宜轻。

2. 萎凋方式

根据不同的天气条件，萎凋方式有日光萎凋（晒青）、加温萎凋两种。

水筛晒青

竹席晒青

室内加温萎凋

3. 操作方法

日光萎凋：也称晒青，将茶青摊晒在谷席、布垫或水筛等萎凋用具上进行；摊叶厚度为 1—2cm（每平方米 1—2 千克）；太阳光强烈时宜厚些，光弱时宜薄些；萎凋全过程应翻拌 2—3 次，以达到萎凋标准为止。中午强光照下，青叶不得直接置于水泥坪上萎凋，因为极易被烫伤。

加温萎凋：有综合做青机萎凋、萎凋槽萎凋两种形式。

综合做青机萎凋：就是利用综合做青机晾青，综合做青机筒身设有许多孔洞，能让茶青里的水分均匀地从孔洞蒸发。只要根据制茶的需求倒入将近机筒容量 80% 的青叶，控制开关，通过吹风即可进行萎凋。雨天时，采摘到表面带水的茶青，也可先经脱水甩干处理后，再进行机内萎凋。

萎凋槽萎凋：将茶青摊放在槽内纱网上，一般叶层厚度 15—20 厘米（每平方米 8—10 千克），在槽底鼓以热风，利用叶层空隙的透气性，使热风吹击并穿过叶层，达到萎凋之目的。保持温度 40—45℃，持续 1—1.5 小时，中间翻拌一两次，即可完成萎凋。

做青

武夷岩茶的苦涩和香气总是相伴而生，但两者又互相排挤，就像太极里的阴阳鱼。做青的目的就是要最大程度地去除苦涩，驻留香气，找到一个恰到好处的平衡点，做出色、香、味、形俱全的好茶。

1. 做青原理

在适宜的温湿度等环境下，通过多次摇青使茶青叶片不断受到碰撞和互相摩擦，叶片边缘逐渐受损，颜色均匀地加深，经氧化发酵后产生"绿叶红镶边"。而在静置发酵过程中，茶青内含物逐渐进行氧化和转化，并散发出自然的花果香，形成乌龙茶特有的花果香和兼有红茶、绿茶的风味特点。

2. 做青方式

岩茶做青分为传统手工和机器两种方式，都是采用摇青和静置多次交替进行的方法来完成的。摇青和静置交替 5—10 次，历时 6—12 小时以上，摇青程度先轻后重，静置时间先

————
摇青

————
做青后茶青呈绿叶红边

短后长。

3. 操作方式

手工做青：将萎凋叶薄摊于水筛上，每筛首次青叶重0.5—0.8千克，操作程序为摇青——静置重复5—7次；摇青次数从少到多，逐次增加，从10多次到100多次不等，每次摇青次数视茶青进展情况而定，一般以摇出青臭味为基础，再参考其他因素进行调整。静置时间每次逐渐加长，每次摊叶厚度也逐次加厚，可两筛并一筛或三筛并两筛、四筛并三筛等，直至达到标准。

综合做青机做青：将萎凋后的青叶装进综合做青机，青叶量约为机器青筒容量的三分之二，即可进行做青。如果采用综合做青机萎凋，茶青达到萎凋要求后，直接进入做青程序。按吹风—摇动—静置的程序重复进行5—6次以上，历时6—7小时。每次吹风时间逐渐缩短，每次摇动和静置时间逐渐增长。

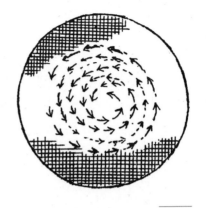

摇青时茶青摇动示意图

机器摇青

加温萎凋

杀青

杀青是结束做青工序的标志，是固化做青结果的承前启后的作业。主要采取高温破坏茶青中的蛋白酶活性，防止做青叶的继续氧化和发酵，同时使做青叶失去部分水分，呈热软态，为后道揉捻程序提供基础条件。

1. 杀青方式

杀青分为手工炒青和机器杀青两种。手工炒青属于传统的制作方法，一般是在传统倾斜灶台上架一口直径60—90厘米的铁锅，用柴火加温，采用手工翻拌的杀青方式。

现代的大生产上主要采用滚筒杀青机（110型和90型），在加温条件下，用机械翻拌而达到杀青的效果。

2. 操作要点

杀青机在初次使用或长期未用又重新启用前，均需将筒内用细沙石和湿茶片清洗干净。

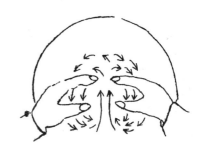

炒青动作示意图

炒青

炒青

进青前，筒温需升至 230℃以上。手感判断：手背朝筒中间伸入三分之一处能明显感觉烫手即可。每次进青量为：110 型为 40—50 千克，90 型为 25—30 千克。杀青时间为 7—10 分钟。杀青标准为：叶态干软，叶张边缘起白泡状，手揉紧后无水溢出，且呈粘手感，青气去尽呈清香味。出青时需快速出尽，特别是最后出锅的尾量需快速，否则易过火变焦，使毛茶茶汤出现浑浊和焦粒，俗称"拉锅现象"。杀青火候需要掌握前中期旺火高温，后期低火低温出锅。

机器杀青

揉捻

揉捻是形成武夷岩茶外形和影响茶叶制率的重要工序。除了塑造外形，揉捻的另一种作用是破坏部分叶细胞组织，以至茶汁溢出，使茶汤滋味变浓厚，同时能够弥补杀青的不足。

1. 揉捻方式

揉捻分为手工揉捻和揉捻机揉捻两种。少量制作时通常使用手工揉捻,但手工揉捻耗工大,且揉捻效果较差,成品茶碎末较多。现代生产上主要使用 40 型、50 型、55 型等乌龙茶专用揉茶机。

2. 操作要点

将杀青叶快速盛进揉捻机,乘热揉捻,以便达到最佳效果;装茶量需达揉捻机盛茶桶容量二分之一以上;揉捻过程要观察揉捻机上的压力指示器,掌握先轻压后逐渐加重压的原则;中途需减压 1—2 次,以利于桶内茶叶的自动翻拌和整形;揉捻全程需 5—8 分钟;如使用 40 型揉捻机,因其揉捻力度更重,加压和揉捻时间不可过度,以免造成叶片捻碎;如使用 50 型、55 型等大型揉捻机,因其揉捻力度更轻,揉捻比较粗老的青叶时,需注意加重压,以防出现条索过松、茶片偏多、"揉不倒"现象。

—————
手工揉捻

—————
机器揉捻

烘干

炒揉完成后的青叶要马上烘干，又叫走水焙、毛火，目的是起到继续杀青的作用，破坏叶内残留酶的活性，以及蒸发水分，进一步挥发青气，紧缩茶条，固定品质和促进优良香味的形成。

1. 烘干方式

烘干分为焙笼烘干和烘干机烘干两种方式。焙笼烘干时间长，劳动强度大，生产效率低，在初制工艺中较少使用。

初制毛茶以烘干机为最佳烘干方式。揉捻成条的茶叶需尽快进行高温快速烘干，如置放太久再烘干，易产生闷味，降低茶叶品质。

2. 操作要点

烘制过程遵循高温、快速的原则，烘干机烘干是最佳方式。第一道烘干应在揉捻后30—40分钟内完成，以手触茶叶带刺手感为宜；而后静置2—4小时，再烘二道；一般烘2—3道即可完成。烘干机第一道烘干温度视机型规格、走速、风量等实际情况而定，一般为130—150℃，要求温度稳定。第二道烘干的温度要比前一道低5—10℃为宜，以此类推，直至烘干为止。毛茶烘干后不可摊放长久，一般冷却至近室温时即装袋进库。

烘干

111

如采用炭火烘干，焙间分设 90—120℃不同温度的焙坑三四个，温度从高到低顺序排列。焙房窗户须紧闭，水分仅能从屋顶隙缝中透泄。毛火时每笼摊叶量 0.5—0.8 千克，烘 3—4 分钟后翻拌一次，翻拌后焙笼向下一个温度较低的焙坑移动，全过程 12—15 分钟完成。毛火是流水作业，烘焙温度高、速度快，故又称"抢水焙"。

（二）武夷岩茶精制工艺

拣剔

1．拣剔的目的

由于岩茶"开面采"，所以其毛茶含有许多茶梗、黄片和其他杂质，需要经过精细拣剔才能制作出色香味形俱佳的成品茶。

2．拣剔方式

传统工艺：传统的拣剔一般在揉捻完毕走水焙后进行，主要分扬簸、晾索、拣茶三个步骤。

毛火后的毛茶应立即扬簸，使叶温下降，并扬弃碎末、黄片等轻飘杂物。后将毛火叶摊在水筛上并置于晾青架上，摊叶厚度 3—5 厘米，在低温、高湿的夜里放置一夜，直到第二天早晨再拣剔，俗称晾索。夜晚低温、高湿的条件下，水分蒸发较少，梗叶之间水分重新分布，达到均衡，有利于足火的进行。同时，可溶性有效物质的流动和转化对岩茶高香、浓味、耐泡等品质特点起着一定作用。

人工拣剔

拣剔主要是去除茶梗、拣出黄片，另行处理。拣后的毛火叶以第二叶为主，并带有第一叶和第三叶呈条索状的叶子。

晾索的目的一是为了避免焙后的茶叶积压一堆，堆压发热产生劣变；二是避免受热过久，茶香丧失；同时，晾索也可使茶叶转色，产生油润之感。晾索时间 5—6 小时，然后才能交拣茶工拣剔。

拣剔主要是拣去扬簸后仍残留的黄片、茶梗以及无条索的叶子。拣茶一般在光线较好的场所进行。

现代工艺：为了量产，拣剔工作一般由机器和人工共同完成，根据不同的生产规模和制茶时间的充裕度，安排拣剔的方法。一般分为风选、色选、拣茶三个环节。

风选：风选机是利用茶叶中比重不同的物质在风力作用下漂移距离不同的原理实现分类，是一种非常清洁的物料分类设备。风选主要根据茶叶条索的轻重区分质量优次，并去除茶叶中比重较小的杂质。

色选：茶叶色选机是一种应用电脑技术和色差测定技术相结合而完成茶叶拣剔作业的高技术、高精密设备。毛茶先经过色选机色选，把茶梗、黄片和三角片剔除一遍，但因为岩茶连毛带梗、粗枝大叶的粗犷外形和红绿夹杂的丰富色彩，导致色选有效率较低，一般只能达到 40%，其余的 60% 仍然需要人工完成。

拣茶：主要通过人工拣剔设备无法完全分清的杂质。操作时，把茶叶摊平在传动的平面输送带上，通过人工辨别并拣剔出杂质。拣剔工作面宽 0.5 米，一般传动速度控制在每秒 6—12 厘米。操作时注意茶叶分布要均匀，一般厚度掌握在 1—2 厘米；并注意拣剔员工的个人卫生；拣剔场所要独立；温湿度要适宜，可配备空调调节环境温、湿度，一般控制温度在 22—27℃，湿度 40%—60%；灯光亮度适宜，一般每条生产线配置 2—4 盏 40 瓦的日光灯，离工作面 0.6—0.8 米；工作面颜色要求选用浅色调颜色。

烘焙

喝岩茶时常听说"火功""焙火""炖火""复火""足火""欠火"等许多涉及"火"的词语，可见火在武夷茶的制作中非常关键。焙火工艺让岩茶涅槃重生，经过火的洗礼，毛茶才能褪去青涩，变得醇和。

1．烘焙的目的

武夷岩茶用火来固条索，用火来止发酵，用火来定香气，用火来调汤色，用火来散杂味，用火来防霉变，用火来延久存……具体来说，武夷岩茶焙火的目的有如下两个方面。

首先是为了降低水分含量、确保存放期间的质量，避免成品茶在存放过程中发生影响茶叶品质的物理变化。一般来说，成品茶中水分的含量要小于 6.5%；当含水量在 6.5% 以上时，会有较多的游离水，游离水会将氧带进茶叶中，导致茶叶渐渐变质。

其次是为了改善或调整茶的色、香、味、形。茶本身的香气不足，借火来提高火香，这个过程起作用的是化学变化。尤其是茶叶的拼配，必须借火的力量来将质量划一。烘焙还具有脱水糖化作用（熟化）、异构化作用、氧化及后熟作用，从而形成了岩茶高香、浓味、耐泡以及独特的"岩骨花香"和"醇厚甘滑"的品质特征。

2. 烘焙方式

武夷岩茶的烘焙方式主要有电焙和炭焙两种。

（1）电焙

岩茶电焙通常使用两种焙具：电焙箱和电焙笼。

电焙箱烘焙：电焙箱烘焙是利用电热丝加热，靠热风传导进行烘焙，其加热方式属于传导加热。将茶叶平均放置于机器内各层的架子里，定时、定温烘焙。大型焙茶机内分15层，每层可放置茶叶2千克；根据需要调节温度，一般来说焙高、中档茶设定70—80℃，中低档茶设定95—105℃；焙茶时间4—6小时，根据实际情况而定。电焙箱的温度、时间都可数控，也不用翻焙，工作简便，故目前大的厂家多采用这种方法。

电焙笼烘焙：电焙笼烘焙是由炭焙延伸而来，只是热源

电焙箱

改为电热丝加热，与烘焙机一样，两者都是电热装置。将焙笼放置在一个类似电炉的加热器上，利用电炉所产生的电热能，实现烘焙。其烘焙主要不同之处在于可数控调节温度，其余的步骤与木炭烘焙方式相同，同样是必须随时翻动焙笼内的茶叶，使茶叶受热均匀。其体积小，不占空间，移动方便，因此电焙笼可适用于不同的场所，特别适合小型茶行、茶楼使用。

——

电焙笼

（2）炭焙

炭焙从开始打焙到最后的下焙装袋需经十来道工序。

打焙：就是生火，往焙坑里加木炭。首先要把木炭敲成小块状，

——

焙间

——

焙坑

木炭

炭火

炭灰

炭焙工艺

以便均匀、密实地堆放在焙坑；根据计划焙火的延续时间确定木炭的数量，一般来说，一个焙坑装45千克左右木炭可以持续焙火10天；要用明火（炭堆上的木炭表面层全面点燃），忌用暗火（仅炭堆内部点燃）；明火易于测量和控制温度，暗火不易测量和控制温度。

　　披灰：就是在炭火上披上炭灰，以披灰的厚度来调控温度，披灰厚薄尽可能一致，以让温度均匀。

　　上焙：将茶叶在焙笼里装至八成满，烘温控制在60—120℃，时间为2—10小时不等，视需要而定，最长需十几个小时。前1小时左右不加盖，而后可半加盖或全加盖。

　　翻焙：根据烘焙的温度，间隔不同的时间翻焙。翻焙时要特别

烘焙作业

注意：必须先把焙笼从焙坑上移开，以免翻动的茶叶碎末掉入炭火中；需防止茶叶碎末燃烧后产生的烟尘和气味被焙笼里的茶叶所吸附，造成"一只老鼠坏了一锅汤"的后果。翻焙分为硬翻和软翻。硬翻是直接在焙笼里用手翻动茶叶，让焙笼表层的茶叶与底部的茶叶交换位置，使之平均受热；软翻是将焙笼里的茶叶先倒在软篓，再用手搅动软篓，搅拌篓内的茶叶，然后再把茶叶倒回焙笼，继续上焙；翻焙过程中硬翻和软翻交替进行效果较佳。

试茶：根据不同的火功（足火、中火、轻火）要求，在后几次翻焙时，每次称8克茶叶，用盖碗杯冲泡、审评，试品是否已达到所需要的火候。经验丰富的焙茶师通过嗅觉、触觉或统计一定炭温下的烘焙时间也能初步判断在焙茶叶的火候。

测温：传统的测温方式是用手背触碰焙笼的外壁，这是因为手背对温度比较敏感。手背上有很多毛孔，触觉敏感，而手心都长满老茧，无法像手背那样敏感。现在常用比较准确的红外线测温仪来测温。

下焙：试品合格后，把焙笼从焙坑上移到地上，再把焙笼里的

不同焙火程度茶汤颜色对比

茶叶进行适度摊晾。

装袋：用手触摸正在摊凉的茶叶，温度低于体温、接近室温时即可装袋，密封。

烘焙是形成岩茶风味特征的重要工艺，焙茶师傅会根据不同山场、不同品种、不同做青的岩茶进行"因茶施焙"，整个工艺充满人文气息。

匀堆、拼配

1. 匀堆

同一品种的茶由于山场不同、制作的批次不同、制茶师不同，加工出来的品质会有一些差异。如果对这些茶进行分别存放，会加大人力、物力的消耗，并且无法形成相对标准化"堆头"（即有一定数量的同款茶叶），不利于商品化，为此需要对这些同一品种但又有一定差异的茶进行有效混合，这个工序俗称"打堆"，也叫匀堆。

匀堆一般要遵循"同一品种、同一季节、同一火功、均匀混合"

的原则，也就是说同一个品种的茶不得将春茶与秋茶进行匀堆，不得将轻火与高火的进行匀堆。

2. 拼配

拼配就是把不同（品种、陈放时间）的茶根据一定的配比均匀地混合在一起，制成商品大红袍的过程。茶师要在熟知不同原料茶品性的前提下先制订出拼配大红袍的预期口感。拼配的自由度非常大，茶师可以根据自己的喜好或消费者的需求进行拼配。拼配时，选择什么原料、多少种原料，以及不同原料的比例，均无定数，所以堪称"无道之道"。如果要拼配口感醇厚的大红袍，可能就得侧重选用肉桂、铁罗汉、丹桂之类口感较为厚重的原料；如果要拼配清香润滑的大红袍，可能就得侧重选用雀舌、水仙、105 之类香气和滋味都好的原料。

香气和滋味的调和是岩茶永恒的追求，两者之间的高度和谐统一是岩韵的最佳感官体现。岩茶制作最重要的三道工序做青、焙火、拼配就是为了"香气和滋味的高度统一"而进行的。做青主要作用是呈香呈味，焙火主要作用是提香提味，拼配主要作用是调香调味。因此，拼配是重塑岩茶风骨的重要手段。此外，拼配也是调节岩茶个性化和标准化的重要杠杆，是实现岩茶商品化的重要途径。

岩茶拼配工艺的理论依据来自大红袍母树中不同品种的混合制作，其驱动力是岩茶商品化的需要，因为只有口感稳定、质量一致、可复制的产品才能满足大众市场的长期需要。通过拼配，既能提升岩茶的滋味和香气，又能充分利用各原料的优点，掩盖缺点，有质有量。掌握一定配比后，让商品化的岩茶可以复制。拼配虽是一种物理行为，但通过选材和配比，能对不同品种茶的优缺点进行调剂，人为地提取、整合、强化不同原料的优点，并以此掩饰、弱化各种

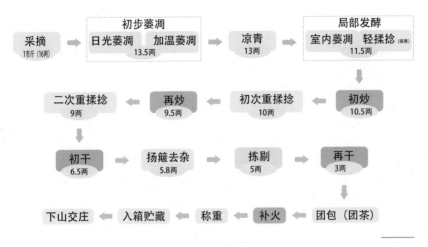

岩茶在山采制程序

武夷岩茶制作减重过程（《武夷茶叶生产制造及运销》）

原料自身不足。此外，还能够像调鸡尾酒一样拼配出特色鲜明的大红袍，比如根据不同原料茶随冲泡时间和冲泡次数变化而产生香气和滋味变化的规律，让拼配出来的大红袍在冲泡时按次第呈现不同原料茶的特点，如有的大红袍第一水花香、第二水果香、第三水奶油香、第四水粽叶香，滋味也随之变化，具有明显的层次感。

匀堆和拼配后的茶一般都要再次焙火（吃火、炖火），以便实现火功划一，使叶底色泽相对一致。

包装与贮存

岩茶的包装和贮存非常重要，如果存放得当，会产生自然的陈韵，增进岩茶的风味特征，因此武夷岩茶素有"藏得深红三倍价，家家卖弄隔年陈"的传统。如果包装和贮存不当，会让岩茶返青、受潮、串味，乃至霉变。

1. 影响岩茶品质的存放条件

按国标要求，岩茶贮存仓库应满足通风干燥、清洁、阴凉、无阳光直射的要求，严禁与有毒、有异味（气）、潮湿、易生虫、易污染的物品混放。影响岩茶品质的存放条件有干茶含水量和贮存环境等方面。

（1）干茶含水量：含水量高时容易氧化变质，也会生霉变质。因此，岩茶必须完全干燥后贮存。在正常的存放条件下，轻火功的岩茶存放期一般在半年以内，中火的岩茶存放期在一年以内，足火以上的岩茶（含水量 6.5% 以下）可以长久存放。

（2）光：自然光（太阳光）中的红外线会使茶叶升温，紫外线会引起光化作用，从而加速茶叶质变。因此，必须避免在强光下贮存茶叶，也要避免用透光材料包装茶叶。

（3）温度：岩茶作为"天人合一"的产物，其最合适的贮存温度与人体最适宜的环境温度相近，一般在 18—25℃，并不特别需要低温存放，但最好不超过 25℃。一旦温度超过 30℃，岩茶就有可能产生坏变。

（4）湿度：茶叶吸湿性强，一旦吸湿就容易霉变，因此要保证仓库干燥，湿度不超过 50% 为宜。

（5）氧气：茶汤的滋味主要由儿茶素类及其氧化物的聚合物、咖啡因、氨基酸（及其他可溶性含氮物质）以及可溶性碳水化合物所共同决定，其中儿茶素类较不稳定，易与大气中的氧气作用生成氧化产物，致使茶汤的活性、收敛性、刺激性降低而改变茶汤的滋味。因此，岩茶的包装物要严格密封、不漏气。

（6）气味：茶叶的吸附能力很强，因此特别容易吸收其他的气味，茶叶的包装应密封，仓库应设在无异味的环境下。

2．岩茶常用的包装方式

岩茶在仓储、运输、日常品饮、销售等不同情况下的包装也有所不同。

（1）适合仓储和运输的包装

清末民初岩茶包装物

纸箱：成品岩茶的包装一般使用纸箱，内套塑料袋，茶叶装进塑料袋后袋口要扎紧，确保密封，再把纸箱盖紧密封即可。

木箱：岩茶也有使用木箱包装的传统，内套塑料袋，茶叶装进塑料袋后袋口扎紧，确保密封，再用铁钉把箱子钉起来。出口的岩茶一般都用木箱包装。

（2）适合日常饮用的包装

罐装：岩茶罐装的传统由来已久，一般使用铁、锡、纸、竹木、陶、瓷等材质的罐子，大小不一。用罐子装茶时，因罐体的材质可能影响茶叶品质，即罐内最好再使用一个内膜袋或者铝箔袋进行封存，避免干茶条索直接接触罐体。岩茶罐装的特点是环保、可重复使用、取用方便、密封性好。罐子材质至关重要，古代名贵的岩茶喜用锡罐，而以前冶炼和提纯的技术都相对落后，锡里常常含铅等其他有害物质，还有一些罐子在加工过程中使用大量的化学胶水或油漆，因此应尽量用一些自然材质的容器，比如马口铁、木竹类、陶瓷类。

袋装：一般选用密封性好的塑料袋、铝箔袋。有的袋子已经有自封的功能，可重复使用，也比较方便，但密封性欠缺，一般用于装毛茶、茶样或临时用茶。

（3）适合销售的包装

泡袋装：泡袋装源于 20 世纪 90 年代，是随着休闲文化和茶文化而兴起的一种包装方式。事先定制或购买恰好盛装一泡茶的袋子，根据投放市场的消费习惯，装入 8—12 克不等的干茶，再用封口机把袋口封上。泡袋装作为一种定量的包装方式，为冲泡岩茶提供了一个标准的投茶量，使得泡茶更加方便，为推广武夷岩茶起到了重要的作用，而且携带方便，受到广泛欢迎。但是泡袋包装费时费工，而且在包装和随身携带过程容易把茶弄碎，一定程度上影响了茶叶的品质。

包装物

礼盒装：茶叶自古是馈赠佳品，随着人们生活水平的提高，礼品茶包装也越来越受重视，以纸张、木竹、金属、纺织品、陶瓷等为材质的各种盒状、筒状甚至奇形怪状的茶叶包装物充斥着岩茶市场。礼品茶一般都有好几层包装，最里边的一般是泡袋，泡袋装好之后盛放在内盒或瓶罐里，再把内盒或瓶罐放进一个外盒，最后再装进手提袋，一般都有 3—5 道包装，卖茶者总是想借用繁琐的包装提升岩茶的附加值。

可以说，市场对茶叶包装的追逐，催生了茶叶包装行业，带动了由包装设计、制作、装运、销售等环节组成的产业链发展。

五

含英咀华，致清导和

—

　　岩茶的灵魂在于岩韵，而对岩韵最直观的体会就是品饮。把冲泡好的茶汤饮入口腔之中，以舌头为主要感官媒介，对茶汤的味、香进行品评和分析，打开舌上的每一个味觉细胞，使身体的因子与自然的信息进行充分、全息的交流、沟通，交换各自所蕴蓄的气质和情感。这一涵化"岩韵"的过程不仅是一个审美的过程，也是一种身体接受外界影响，从而产生变化的过程。茶之益人，甚至可以疗疾，就在这一过程中得以实现。

　　岩韵的体悟，可以分为两个层面：科学（专业审评）和审美（日常品饮）。专业审评就是用科学方法来做客观的分析，从而为茶叶品质、等级的高低建立一套相对标准化和稳定的评价系统。专业审评是树叶成为茶叶的认证，是茶叶从产品成为商品的认定。岩茶的

斗茶赛现场

日常品饮除了满足解渴、养生的需要，更主要的是捕捉岩韵的审美过程。岩韵的感觉因人而异，因茶而殊，"一千个读者眼中有一千个哈姆雷特"，恰好，武夷岩茶品类众多，每个人都能找到适合自己的一款。

"岩韵"体悟的两层属性相互依存，又相互排斥。审美感受当以科学感受为基准，因为同一款岩茶，即使千人千味千岩韵，其客观基础——茶汤基本成分是不变的。可科学感受绝不可能替代审美感受，因为岩韵说到底仍是一种无穷无尽、千变万化的美学体验。

然而，问题还不仅于此，对茶的品鉴效果，不仅取决于品饮者自身的感受以及茶叶品质，对泡茶的用具、用水、方法，甚至烧水的炭火都有讲究，都是影响"岩韵"形成的因子。因此，即便是日常品饮同样也要讲究两个层面：技和艺。

（一）品悟岩韵

何为岩韵

从广义来说，岩韵可以简单概括为"岩茶所具有的特质"。但这种特质是人所发现和命名的，所以，从主观角度来定义，岩韵就是"岩茶特有的韵味"，其本质是武夷岩茶带给人感官上的愉悦感和精神上耐人寻味的和美的感受。可见，岩韵不是一个静态的存在，而是岩茶把自然和人文气息传递给人，让人产生"人茶融和"乃至"天人合一"的感觉。

岩韵石刻

岩茶专业审评室

一泡上好的岩茶在闲置的时候，其岩韵是否存在？无法回答。诚如王阳明在《传习录》所载："你未看此花时，此花与汝同归于寂；你既来看此花，则此花颜色一时明白起来。"因此，岩韵既存在于岩茶，更存在于人的感知，再次说明了岩韵的核心在于"和"——物我之和、人与自然之和。

人们常说岩茶是最中和的茶，这种"和"体现在岩茶的体、相、用之中。首先，岩茶的生长地理条件十分复杂，由独特的纬度、地质地貌、土壤、气候、生态等因素相融合所形成；其次，岩茶半发酵的制作工艺，其介于不发酵的绿茶和全发酵的红茶中，味兼红茶绿茶之长，堪称中和；再次，采摘工艺的"开面采"就是为了和合不同叶位的不同内含物，岩茶匀堆、拼配之工艺也是多个品种的茶拼和之手段。此外，岩茶之内含物，其酚氨比（茶多酚与氨基酸比例）适中（8—15之间，低于8适制绿茶，高于15适制红茶），亦属中和；而其"绿叶红镶边"（三红七绿）的叶底色泽，更是红色与绿色相和所致；其养生功效方面，不温不火，最为和胃；其修心养性方面，

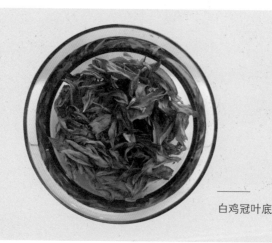

白鸡冠叶底

含英咀华，致清导和

茶席

倡导俭清和敬，达到致清导和；其社会功能方面，以茶会友，和颜悦色，茶和天下。

"岩茶的特质"最终还是以岩茶的香气和滋味作用于人。因此狭义的岩韵是指武夷岩茶在独特的山场、耕作、品种、工艺共同作用下，所形成的厚重、浓稠、醇和的滋味和锐而浓长、清且悠远的香气，以及二者之间高度融合所带给人齿颊留芳、回味长久的愉悦感。

岩韵的感知原理

岩韵的感官体验看上去似乎都是从品茶中的味觉得到的，其实还有掺入许多超越当下的感觉，受到平时对岩茶认知的影响。比如参观茶园茶山、目睹茶叶制作、听闻茶的讲解、学习茶的科学、接受茶香茶味的心理暗示或诱导、观看茶的演艺、阅读茶的文学等，都会影响当下对岩韵的感知。因此，只有从广义上把握才能全面捕捉岩韵。

人们常以"不轻飘""有骨头"形容岩韵，怎么说这还是一种心理感受。但心理感受并非仅由心理生发，而是通过眼、耳、鼻、舌、身等具体感官为桥梁、为媒介，最终促成了岩茶品饮时的心理反应——"岩韵"。岩韵固然是以茶水为主，但条索、叶底等外形也很重要。而无论是冲泡出来的汤水，还是茶叶外形，都并非由"冲泡—品饮"这一最终环节所决定的，因为岩韵来源于武夷岩茶从茶园到茶杯（栽培、制作、品饮）的全过程。

"岩韵"之"活"就在于品饮的茶客同样需要调动自己"眼、耳、鼻、舌、身、意"等全部感官，去认识自我，去认识那个没有自我的天地自然，最后形成一颗审美的种子。

岩韵的衡量方法

岩韵虽然抽象，但既说明了岩韵产生的原理和影响岩韵的要素，就能够建立起一个岩韵的衡量方式。影响岩韵的主要因素有土壤、气候、生态、品种、耕作、制作、品饮、文化（氛围）等八个方面。其中，土壤、气候、生态、品种四者属于自然因素；耕作、制作、品饮、文化四者属于人文因素。因此，可以通过这八个要素的分值评估来建立一个岩韵指数系统。

1. 土壤

武夷岩茶的土壤按区域位置一般可以分为风化岩、砂砾岩、红壤、黄壤等几种，武夷山景区茶园大部分属于风化岩土壤，景区边缘大部分属于砂砾岩，生态茶园大部分属于红壤，其他茶山大部分属于黄壤。土壤对岩韵产生影响的大小依次为：风化岩＞砂砾岩＞红壤＞黄壤；风化岩产区内坑涧＞山岗；高海拔处生态园＞低海拔处生态园；山地＞田地。

影响岩韵的主要因素

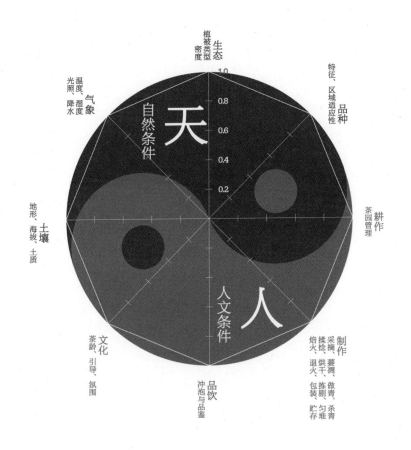

—— 岩韵要素

2. 气候

指气候环境特征对岩韵的影响程度。景区茶园坑涧林立、岩壑纵横，其小气候特征十分显著，分值较高。一般来说，不同环境小气候对岩韵产生影响的大小为：坑涧 > 开阔地，高山 > 台地，北坡 > 南坡，温度低 > 温度高，湿度高 > 湿度低，茶叶生长期内雾天 > 晴天，茶叶采制时晴天 > 雨天，春茶 > 秋茶 > 夏茶。

3. 生态

指岩茶茶园周边的生态条件对岩韵的影响。一般来说，生态对岩韵分值大小的影响依次为：生态茶园 > 一般茶园；植物多样 > 植物单一；常绿阔叶林 > 针叶林；密度大 > 密度小；芳香植物 > 普通植物。

4. 品种

指岩茶品种对某一区域表现出显著的特征，如牛栏坑肉桂、吴三地水仙。一般来说，品种适应性对岩韵分值大小的影响依次为：有特征 > 无特征；特征显著 > 特征不显著。

5. 耕作

指岩茶育苗、栽种、茶园管理，一般以是否用武夷耕作法耕作来评判。耕作方式对分值大小的影响依次为：武夷耕作法 > 普通耕作法；有机肥 > 化肥；不打农药 > 常打农药；人工拔草 > 除草剂除草。

6. 制作

指岩茶制作是否坚守非物质文化遗产武夷岩茶传统制作技艺标准。一般来说，制作工艺对岩韵分值大小的影响依次为：传统制作 > 机械制作；炭焙 > 电焙；单季 > 多季。

7.品饮

指岩茶的冲泡和品啜技艺。一般来说，品饮技艺对分值大小的影响依次为：工夫茶 > 撮泡；专业茶艺师 > 新手；山泉水 > 自来水；老茶客 > 新茶客；专业人员 > 普通茶客。

8.文化（氛围）

指喝茶的氛围。一般来说，喝茶的文化氛围对岩韵分值大小的影响依次为：有讲解 > 无讲解；有岩茶知识 > 无岩茶知识；有故事 > 无故事。

岩韵指数系统很直观地表达了自然与人文的和谐统一，因此岩茶堪称"天人合一"的典范。岩韵指数可以综合解析一个茶品的特征，但并不是评判岩茶品质的唯一标准，在本书中仅作为研究岩茶的一个新方法。

（二）武夷岩茶的日常品饮

日常饮茶与专业审评有一个最大的区别，那就是日常品饮是品味茶的优点，而审评则是侧重挑剔茶的缺点。因此，两者的品饮方式也全然不同。

岩茶的日常品饮有其独特的方式——工夫茶。工夫茶源于武夷茶的生产制作和冲泡品饮，有技术和时间两层含义，岩茶从采摘制作一直到冲泡品饮都需要技术，非一般人可驾驭。此外，岩茶制作

斗茶赛上专家们在评茶

需要耗费大量的时间，冲泡和品饮又可以休闲（打发时间），因此工夫茶是岩茶应运而生的饮茶方法，是岩韵的最佳表达方式。

工夫茶先从武夷山传播到闽南、潮汕、台湾地区，再从这些地区传播到世界各地，渐渐成为汉文化圈特有的休闲方式，也成为海外华人抒发乡愁的载体，具有特殊的实用价值和文化价值。工夫茶经过数百年的变迁，派生出了闽南工夫茶、潮汕工夫茶、台湾工夫茶等不同流派，其中以潮汕工夫茶最传统，最具代表性，影响面最广。在岩茶的原乡——武夷山对工夫茶进行了实用性的简化，充分尊重岩茶的色、香、味特性，尽可能方便、直接地表达岩韵的特征。为了和传统区别开来，这种以白瓷盖碗、白瓷杯子为主要道具的工夫茶在本书中叫做"新式工夫茶"。

（三）传统工夫茶冲泡与品鉴方法

治器　泥炉、砂铫、紫砂壶、瓷盘、瓷杯、瓦铛、棕垫、纸扇、竹夹等。

炙茶　冲泡之前先炙茶，用一张方正的毛边棉纸兜住所用茶叶，在橄榄炭火上，顺时针转动几次，再上下烘炙数次，用活火唤醒茶叶。

纳茶　左手扣住承茶棉纸，用右手拨茶，将最粗老者填于壶的底部，靠近出水的壶嘴，细末填在中层，再就是稍粗些的茶叶，茶叶全部纳入朱泥小壶后，轻轻拍一下壶身，最上层的细末之茶，便也落到中层去了。纳茶的茶量，看茶叶将壶填至七八成就可以了。最后在壶嘴处插入一根小牙签防止壶嘴堵塞。之所以要这样做，因为细末是最浓的，多了茶味容易发苦，同时也容易塞住壶嘴，分别粗细放好，就可以使出茶汤均匀。

洗茶　用砂铫之沸水，沿着壶边冲入，再提铫高冲，此时切忌将沸水对着壶心直冲，出水也要均匀。首次注水后，迅速出汤，此时的茶汤不喝。

刮沫　再次冲点，此时冲水要满至壶口，此时，白色茶沫上浮，用壶盖从壶口平平刮过，茶沫刮尽后盖上。

淋罐　再用热水冲淋壶身，一是去掉挂在壶身的茶沫，二是壶外加温，进一步激发壶内茶香。

烫杯　用热水淋杯，潮州土话说是"烧盅热罐"，"热"是工夫茶中的工夫要点。从煮汤到冲茶、饮茶都离不开这一个字。热杯用来盛热汤，可使茶香更浓郁。淋杯后滚杯洗杯。烫杯之时，只见三指犹如飞轮转动，茶盅铿锵之声十分悦耳。

斟茶　在淋罐烫杯之时，茶叶在壶中渐次苏醒，打开绽放，茶汁浸出，此时便可分斟茶汤了，分茶时，要求"低、快、匀、尽"。茶壶适合放低一些，以免茶香飘散，称"低洒"。注意三个杯子要轮匀，

① 炙茶　　　　　② 纳茶

③ 洗茶　　　　　④ 刮沫

传统工夫茶

称"关公巡城"。要沥尽茶汤，此时点滴入杯，回环反复，称为"韩信点兵"。

　　品茶　品茶时，先闻其香，再细啜茶汤，最后闻嗅杯底。一轮三杯品完，再循环烫洗茶杯，冲点分茶，由另外三人饮用。

淋罐　⑤　　　　烫杯　⑥

斟茶　⑦　　　　品茶　⑧

（四）新式工夫茶冲泡与品鉴方法

1.备器

随手泡（电热水壶）：一般选用容量1.5升的，出水口直径1厘米左右，确保出水有一定的冲力。

盖碗杯：白色瓷质为宜，容量110毫升，底部圆弧形，让注水的水流顺畅，有利于茶叶翻滚，均匀受润。杯沿越薄越好，敞开越宽越好，以免烫手。

品茗杯：最好选用白色瓷质，有利于鉴赏汤色，容量最好在30毫升以内，器形最好是瘦高、倒钟形，杯口不宜太大，让温度持久、聚香，杯口微敞，利于手端不烫。

公道杯：选用玻璃材质或者白色瓷质，有利于看汤色，此外，出水口要尖而长，断水好，确保斟茶时不侧漏。

茶漏：茶漏选用漏孔细密的，材质以瓷制或银质为上。

茶则（茶荷）：用于观赏待泡干茶的器皿，竹、瓷制为佳。

茶夹：选用竹制为佳。

2.投茶

干茶的重量是盖碗容量（110毫升）的1：（7—22），喜欢清淡口味者，投茶5克；喜欢浓厚口味者，投茶10克；喜欢中等口感者，投茶7.5—8克。干茶先放置在茶则，可供品赏条索；再把干茶倒入已烫热的盖碗，盖上杯盖。投茶时要先看干茶的条索的色泽和形状，颜色较黑者，一般是高火茶；条索不完整者，可能碎末较多。总之，要感知茶的特性，才能更好把握注水方式、坐杯时间。

3．闻干香

用手轻摇盖碗两次，开盖即可闻干香。闻干香也是为了进一步
了解茶的特性，可能通过香气认出品种、火功、年限、纯度，以便
更好地冲泡。

4．注水

泡不同的茶，注水方式也有所不同，综合起来注水方式有以下
几种：

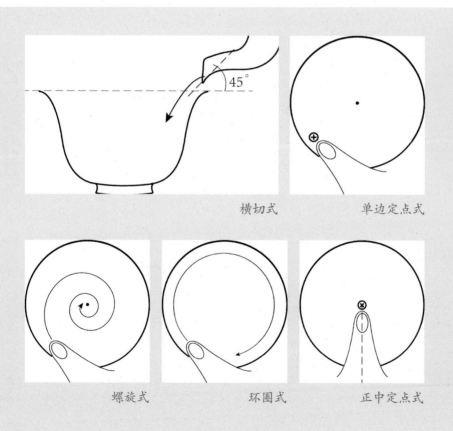

横切式　　　　　　　　单边定点式

螺旋式　　　　　　环圈式　　　　　　正中定点式

横切式：第一次注水要控制水流的方向和盖碗沿切面呈 45°，且贴杯前壁冲水，让茶叶朝顺时针方向旋转，这种注水方式速度快，适合醒茶、洗茶和高火茶。

螺旋式：这样的水线令盖碗的边缘部分以及面上的茶底都能直接接触到注入的水，令茶水在注水的第一时间溶合度增加。这种注水方式比较适合老丛水仙或喜欢喝浓茶的人。

环圈式：环圈注水顾名思义，指注水时水线沿壶盖或者杯面旋满一周，收水时正好回归出水点。注水时要注意着根据注水速度调整旋转的速度，水柱需细就慢旋，水柱粗就快旋。这样的水线令茶的边缘部分能在第一时间接触到水，而面上中间部分的茶则主要靠水位上涨后才能接触到水，茶水在注水的第一时间溶合度就没那么高。这种注水方式适合嫩度比较高或生态环境比较好的岩茶。

单边定点式：指注水点固定在一个地方，这样的注水方式，让茶仅有一边能够接触到水，茶水在注水开始时溶合度较差。稍微提醒一下，采用这种注水方式时，如果注水点在盖碗壁上，那相对于注水点在盖碗和茶底之间而言，要融合得更好些。这种注水方式适合需要出汤很快的茶，或者碎茶。

正中定点式：正中定点的注水方式是一种挺极端的方式，通常和较细的水线和长时间的缓慢注水搭配使用。这样注水，茶底只有中间的一小部分能够和水线直接接触，其他则统统在一种极其缓慢的节奏下溶出，让茶和水在注水的第一时间的溶合度最小，茶汤的层次感也最明显。很多有发酵现象的茶会因此出现滋味过于凝聚，和茶汤分离的情况。这种注水方式适合香气比较高的茶。

5. 醒茶（洗茶）

第一次注水也是醒茶。岩茶经过焙火后呈卷曲状，特别是陈茶，需要用开水先浸润，让条索从沉寂中被激活，为正式冲泡时均匀释放内含物做准备。但是，醒茶时如果浸泡时间太长，浸出物太多，就会影响茶叶的滋味和耐泡度。岩茶醒茶的过程通常也被视为洗茶，二者形式一样，但目的完全不同。洗茶是为了净化茶叶条索，如果能确定茶叶条索干净，那即可将醒茶（洗茶）的茶汤和第二道茶汤混合饮用，或者留待最后回品，进行对比。

6. 刮沫

注满水后用左手拿杯盖迅速将浮在盖碗上面的泡沫刮走，并尽快将杯盖拿到茶盂上面，右手用开水冲掉黏着在杯盖下的泡沫和杂质。刮沫主要是因为泡沫里常带有其他杂质，需要通过洗茶、刮沫予以剔除。如果仅有泡沫可无需处理，据科学研究，茶叶的泡沫是茶皂素形成的，是有益成分。

7. 坐杯

坐杯的实质是控制茶的浸泡时间，进而达到调节浓淡和耐泡度的效果。坐杯时间的长短由茶的性质决定，一般来说，高火功 < 低火功，陈茶 < 新茶，注水次序低 < 注水次序高（坐杯时间随出汤次数逐渐增加），碎茶 < 条茶，酚氨比高的 < 酚氨比低的。当然，还与个人的喜好有关，一般是新茶客 < 老茶客。因此，坐杯时间是泡茶的关键。

茶汤浓淡度投茶量、浸泡时间参考值

浓淡度	冲泡容器大小（毫升）	投茶量（克）	1—3泡浸泡的时间（秒）
较淡	110	5	20、30、45
		8	10、15、20
中等	110	8	20、30、45
		10	10、15、20
较浓	110	10	20、30、45
		12	10、15、20

注：1. 冲泡容器以110毫升为例；2. 第四泡后每泡的浸泡时间都比上泡适当延长

（资料来源：福建省地方标准DB35-T/1045—2015，《武夷岩茶冲泡与品鉴方法》）

8. 出水

杯盖刮沫后迅速盖回盖碗，留一条小缝，拿起盖碗将茶汤经过茶漏倒入公道杯；再用此头道茶汤为每个品茗杯烫杯（�– 盏）。如能确保茶叶制作过程比较卫生，头道汤也可直接饮用。

操作要点：

整个流程操作要尽量快，以免坐杯太久，使得茶叶浸出物太多，降低耐泡度，让内含物过度流失。

出水时，杯盖和盖碗之间要前后都留缝隙，以便后面缝隙迅速散热，不至于烫手，而前面的缝隙要确保能顺畅出水，但开口不宜太大，以免连茶叶条索一起倒出。出水时，用大拇指和中指夹住敞开杯沿两侧，大拇指扣住杯盖的凸起的提把，并尽量让手指头与杯沿的接触面最小（以免烫手），但又要能用力夹住、举起杯子为宜。

9. 斟茶

斟茶量一般控制在品茗杯容量的七分为宜，一般在30毫升以内。

10. 闻香

每泡武夷岩茶都可通过闻干香、盖香、水香和底香来综合品鉴武夷岩茶的香气。闻香时宜深吸气，每闻一次后都要离开茶叶（或杯盖）呼气。武夷岩茶的香气似天然的花果香，锐则浓长，清则幽远；似兰花香、蜜桃香、桂花香、栀子花香；或带乳香、蜜香、火功香等。香型丰富幽雅，富于变化。

干香：指茶叶的干茶香。将茶叶倒入温杯后的盖碗杯内，盖上后摇动几下，再细闻干茶的香气。

盖香：指茶叶冲泡时盖碗杯盖上的香气，细闻盖香是鉴赏武夷岩茶香气的纯正度、特征、香型、高低、持久度等的重要方式。

水香：指茶汤中的香气，也称水中香。茶汤入口充分接触后，口腔中的气息从鼻孔呼出，便可细细感觉和体悟武夷岩茶的香气。

底香：包括杯底香和叶底香。杯底香指品茗杯饮尽或茶海倒干后余留的香气，也称挂杯香。叶底香指茶叶冲泡多次后底叶的香气，用杯盖盖住盖碗杯，把盖碗杯里的茶水沥干，然后用手托住杯盖把盖碗翻转180°，用杯盖单独托住整团的叶底，再闻香。

11. 品茶

品味茶汤时，每一口茶汤以5—10毫升为最适宜，过多时感觉满口是汤，在口中难以回旋辨味；过少时觉得嘴里空旷，不利于辨别。

把茶汤吸入口腔后，舌尖顶住上层齿根，嘴唇微微张开，舌稍上抬，使茶汤摊在舌的中间部分，再以腹式呼吸用口慢慢吸入空气，使茶汤在舌上微微滚动，在口腔内回旋，让茶汤和味蕾充分接触，品味出滋味。这种品茶方式往往会发出声音，因此也叫啜茶。"啜"可会意，"啜"字右边的四个"又"字，就是要让茶汤在口腔内一次又一次回旋。

品味茶汤的温度以40—50℃为最适合，如果高于70℃，味觉器官易烫伤，影响评味结果；而低于40℃时，味觉器官对茶汤滋味的敏感度将下降，且在较低温度的茶汤中，溶解在热汤中的物质逐步被析出，茶汤变得不协调，失去了品评的正确依据。

如果先后品饮多种茶，为了更精确地比较滋味，品完一泡茶后以温开水漱口，把舌苔上高浓度的黏滞物洗去，不让茶味在口腔内残留，才能准确品饮下一泡茶。

武夷岩茶大红袍品评茶汤的滋味，包括浓淡、弱强、爽涩、鲜滞、纯异、刺激性、收敛性、活力、身骨、回味等特质。茶汤吞下之后，喉咙感觉的软甜、甘滑、回韵等，也是品味的重要项目。

第一步 温碗

用开水浇烫盖碗，提升盖碗的温度

第二步 投茶

将岩茶投入盖碗中

第三步 赏闻干茶

将盖碗左右摇晃激发茶香

第四步 冲水

将即开的山泉或纯净水提高向碗内冲水，充满或
稍微溢出一点

第五步 制法

用盖子刮去茶汤表面的茶沫，将盖内冲净并盖好

第六步 出汤

等待3-5秒后将盖碗内的茶汤倒入公道杯

第七步 润杯

将品茗杯内的开水倒掉，起到温杯的效果

第八步 分茶

将公道杯中的茶汤均匀地斟往各杯

盖碗冲泡法

第九步 敬茶
将分好的茶汤敬奉给来宾

第十步 品茶
慢啜

盖碗冲泡法

（五）武夷岩茶药理

《神农本草经》云："神农尝百草，日遇七十二毒，得茶而解。"说明茶为人类所发现和使用源于茶的药效。唐代医学家陈藏器在《神农拾遗》记载："诸药为各病之药，茶为万病之药。"中药发端于"药食同源"，茶更是"药食同源"的典范。

中华医学把茶的药理功效归纳为：少睡、安神、明目、清头目、止渴生津、清热、消暑、解毒、消食、醒酒、去肥腻、下气、利水、通便、治痢、去疾、祛风解表、坚齿、治心病、疗疮治瘘、疗饥、益气力、延年益寿等。

在历史传说中武夷茶的入药功能更是无比神奇，鼎鼎大名的大

岩茶茶汤

红袍便是得名于医救状元的传说。自古以来，许多文献都记载了武夷茶及其前身建茶的药用效能。

北宋的陈承《别说》："近人以建茶治伤暑，合醋治泄泻甚效。"

宋代王守愚《普济方》："建茶合醋煎服，即止大便下血。"

元代耶律楚材《西域从王君玉乞茶诗》七首中有云："积年不啜建溪茶，心窍黄尘塞五车。枯肠搜尽数杯茶，千卷胸中到几车，啜罢江南一碗茶，枯肠历历走雷车。"

明代单杜可云："诸茶皆性寒，胃弱食之多停饮，惟武夷茶性温不伤胃，凡茶癖停饮者宜之。"

《王草堂杂录》："据清·陆廷灿《续茶经》卷下：武夷山有三味茶，苦酸甜也……能解醒消胀。"

清代赵学敏《本草纲目拾遗》："武夷茶出福建崇安，其茶色黑而味酸，最消食下气，醒脾解酒。"

古代医书《救生苦海》："乌梅肉、武夷茶、干姜，为丸服。"

民国的蒋希召《蒋叔南游记》："武夷之茶，性温味浓，极其消食。"

当代王泽农《万病仙药茶疗方剂》："武夷岩茶主产福建省武夷山市一带地区，属乌龙茶类，是福建省最著名的名茶之一，有乌龙茶始祖之称。武夷岩茶性温，味微甘。"

盛国荣《茶与健康》："武夷茶温而不寒，久藏不变质，味厚不苦不涩，香胜白兰，芬芳馥郁。提神、消食、下气、解酒、性温不伤胃。"

在武夷山地区至今仍有以茶入药的传统。比如在农村，人们如果皮肤发痒，常用茶叶煮汤，并加入盐巴，用以擦洗患处，便会很快好转、痊愈。

此外，岩茶和胃的功能也有口皆碑。漳州市《文史资料选辑》1983年3月第五辑刊登的《漳州茶叶的历史概况》一文称："茶叶之在漳州，最早销售来自簧溪，后来……逐渐倾向于销售高档茶，其中'夷茶'风行一时，'夷茶'变能长久立足。"该文还叙述道："某些著名老中医在为患者斟酌饮茶问题时亦说'溪茶'伤胃，'夷茶'则无此弊，也影响了不少人改饮'夷茶'，使'夷茶'身价倍增……"

综合文献记载和民间习俗，武夷茶药理功能有清热祛暑、提神益思、破睡解乏、消食通便、解毒止痢、醒脾解酒等。

此外，余泽岚所著的《把茶喝得很健康》一文详细介绍了以武夷岩茶降血糖的偏方："武夷岩茶（最好是老丛水仙）的茶梗、茶片各一半，适度焙火。用凉开水浸泡四小时以上，浓淡适中或偏浓，每天随意喝，味道香甜可口，可长期坚持饮用，经多人体验有明显效果。"

茶席

　　近年来，陈年岩茶的药理作用被越来越多的人所接受。储存得当的陈年岩茶可以缓解肠胃不适，能改善、调和肠胃的菌落，还具有较强的降脂功能。岩茶经陈化后其分子结构更细微，而且易于进入人体的微循环，更容易被人体吸收。据研究，适合长期存放的茶叶在得当的贮存条件下，分子结构会从大分子团变成小分子团。大分子团的茶主要是被人体的肠胃吸收，而小分子团的茶可以被微循环吸收，随着全身遍布的毛细血管，迅速扩散到身体各个部位。因此，有的人喝了好的陈茶会觉得有一股茶气在身体内运行，有的人会产生很明显的发热、流汗、打嗝等体感。诚如唐代"茶仙"卢仝《谢孟谏议寄新茶》所描述："一碗喉吻润，两碗破孤闷。三碗搜枯肠，唯有文字五千卷。四碗发轻汗，平生不平事，尽向毛孔散。五碗肌骨清，六碗通仙灵。七碗吃不得也，唯觉两腋习习清风生。"

后记

　　武夷山素有"千载儒释道，万古山水茶"之美誉。神奇灵秀的山水和多元丰厚的文化共同孕育了名扬天下的武夷岩茶。

　　武夷山至今仍保存了世界同纬度带最完整、最典型、面积最大的中亚热带原生性森林生态系统。绝佳的生态、适宜的气候与坑涧纵横的地形地貌，构成了众多茶叶小产区，造就了"岩岩有茶，非岩不茶，茶茶不同"的独特性，诞生了如大红袍、铁罗汉、水金龟、白鸡冠、半天腰、肉桂等诸多著名茶树品种——武夷名丛。

　　武夷茶在唐代以前就有神人共啜的记载，唐宋时期名闻遐迩，明清以来香飘世界。在历史上，武夷茶是建茶的重要组成部分，唐代创研膏蜡面，宋代创龙凤团茶，明清创岩茶（乌龙茶）、红茶，其制作技艺长期领衔世界。尤其是武夷岩茶制作技艺，开创了六大茶类之一——乌龙茶。当代著名茶学家陈椽盛赞："武夷岩茶的创制技术独一无二，为世界最先进，值得中国劳动人民雄视世界。"2006 年，武夷岩茶传统制作技艺被列入首批国家级非物质文化遗产名录。

　　卓越的生态条件、丰富的茶树品种、独特

的制作工艺共同赋予了武夷岩茶"岩骨花香"的岩韵特征；显著的养生功效、厚重的文化底蕴、高雅的品饮方式，一起成就了武夷岩茶"和而不同"的鉴赏价值。

本书正是以这几个要点为纲目，向读者展示武夷岩茶作为自然无私馈赠物的自然属性和作为人类智慧结晶体的文化特征。

本书除了引用了部分古代相关文献，还参考了现代茶学专家吴觉农、林馥泉、王泽农、陈椽、张天福、姚月明等人的茶学著作，以及武夷岩茶"非遗"传承人刘国英的《武夷岩茶栽培管理与加工制作》、刘宝顺的《武夷岩茶焙火技术》等茶学文章。

本书编写过程得到了武夷山市茶业局、武夷山茶业同业公会、武夷茶文化研究院的大力支持，在此深表谢意！

此外，还要特别感谢摄影家郑友裕、余泽岚、衷柏夷、张国俊、杨锦毅，以及问山茶友会、问道文化传媒、茶百戏研究院、冷然茶道为本书提供精美图片。